高职高专校企双元合作新形态教材

防水涂料施工工艺图解

吴承霞　熊卫锋　王　巍 ◎ 编著

中国建材工业出版社

北　京

图书在版编目（CIP）数据

防水涂料施工工艺图解/吴承霞，熊卫锋，王巍编著．--北京：中国建材工业出版社，2024.5
ISBN 978-7-5160-3436-1

Ⅰ.①防… Ⅱ.①吴… ②熊… ③王… Ⅲ.①防水材料—建筑涂料—图解②建筑防水—工程施工—图解 Ⅳ.①TU56-64②TU761.1-64

中国版本图书馆 CIP 数据核字（2021）第 270158 号

内容简介

本书分为7个项目，系统介绍了建筑防水涂料基础知识、防水材料及施工工具、防水涂料施工工艺流程、细部节点构造、质量检验与验收、质量缺陷与防治以及施工安全保障，图文结合，使读者更好地掌握防水涂料施工工艺。

本书可供高职院校学生作为专业课教材使用，还可以用于建筑防水行业技术人员、施工人员的案头书，指导读者掌握新工艺新产品，提升建筑防水质量。

防水涂料施工工艺图解
FANGSHUI TULIAO SHIGONG GONGYI TUJIE
吴承霞　熊卫锋　王　巍　编著

出版发行：	中国建材工业出版社
地　　址：	北京市西城区白纸坊东街 2 号院 6 号楼
邮　　编：	100054
经　　销：	全国各地新华书店
印　　刷：	北京印刷集团有限责任公司
开　　本：	787mm×1092mm　1/16
印　　张：	7.75
字　　数：	100 千字
版　　次：	2024 年 5 月第 1 版
印　　次：	2024 年 5 月第 1 次
定　　价：	49.00 元

本社网址：www.jccbs.com，微信公众号：zgjcgycbs
请选用正版图书，采购、销售盗版图书属违法行为
版权专有，盗版必究。本社法律顾问：北京天驰君泰律师事务所，张杰律师
举报信箱：zhangjie@tiantailaw.com　　举报电话：(010)63567684
本书如有印装质量问题，由我社事业发展中心负责调换，联系电话：(010)63567692

本书编委会

主　　　编：吴承霞　熊卫锋　王　巍

副　主　编：周　园　李晓琳　夏俊杰　吕秀娟

参　　　编：（按姓氏拼音排序）

安　杰　杜晓兴　杜云静　段　炼　胡永骁　黄爱清
黄　芳　黄海涛　黄宏伟　黄佳鑫　黄彦省　江丽惠
蒋艳芳　李　浩　李贺楠　李建华　李冶军　刘　芳
刘金景　刘　娜　刘　云　罗东娜　马　琳　孟凡华
潘瑞旺　邵星星　史广亮　孙家强　王本本　王　博
王　婷　王　威　位军义　翁庭峰　邢胜玺　许曙光
颜子博　杨志刚　于　贺　张　博　张冬冬　张广辉
张　立　张　璞　张　清　张思明　张永真　朱高飞

组编单位：北京东方雨虹防水技术股份有限公司

北京市顺义区东方雨虹职业技能培训学校

东方雨虹民用建材有限责任公司

北京市工会干部学院（北京市总工会职工大学）

参编单位：（按单位拼音排序）

北京德虹希恩科技有限公司

北京冠航建筑工程有限公司

北京久安有方建筑工程有限公司

北京科技大学天津学院

广东开放大学（广东理工职业学院）

河北源潮济华防水保温工程有限公司

山东正宇建筑装饰工程有限公司

黑龙江生态工程职业学院

湖北城市建设职业技术学院

湖南汇聚建材有限公司

湖南建筑高级技工学校

江苏城乡建设职业学院

焦作市广亮建材有限公司

宁夏建设职业技术学院

日照职业技术学院

陕西方实星火建筑工程有限公司

上海加强建筑工程科技有限公司

石家庄职业技术学院

四川城市职业学院

四川建筑职业技术学院

天津市滨海新区煜城防水保温材料经营经营部

天津星港建筑安装工程有限公司

新疆硕泰防水工程有限公司

新沂东方雨虹防水保温工程有限公司

徐州宏梦建材有限公司

宣城职业技术学院

业之峰诺华家居装饰集团股份有限公司

浙江建设技师学院

郑州升达经贸管理学院

涿州市技师学院

序 言

建筑防水作为建筑建材行业的细分领域、隐蔽性工程，在很长一段时间里，重要性容易被忽视。但随着建造形式的多样、施工工艺的演进、抗灾害要求的提高、人居环境需求的升级等，建筑的防水愈发受到行业和社会的关注。如今防水材料更是广泛应用于住宅、交通、水利、市政管廊、工矿、新能源等多个行业，多领域应用的高素质施工人才急需。如何从源头培养防水工匠型人才，也是我们整个行业的责任。《防水涂料施工工艺图解》一书的出版，可以说是为防水行业高技能人才的培养"雪中送炭"，这也是北京市顺义区东方雨虹职业技能培训学院在积累了《热塑性聚烯烃（TPO）防水卷材施工图解》《建筑防水施工实训》《建筑防水设计与施工》《瓷砖镶贴施工工艺图解》等多本图书编撰经验的基础上，推出的又一力作，用以全面系统阐述防水涂料分支。

本书内容博采众长，我作为从业30多年的"防水老人"，读来受益匪浅。尤其是编委会成员均来自职业学院、生产企业、施工企业、销售企业，有教授、技术专家、质检专家、一线工人、工匠，学院派、技术派、实操派相结合，既整合梳理理论知识阐述防水涂料施工"是什么"，又结合案例深入浅出分析防水涂料施工"为什么"，还基于实操实践指导防水涂料施工"怎么办"，整体涵盖理念、材料、施工、质检、预防、安全等多个维度。

本书风格简洁易懂，创作团队尽可能将专业繁杂的知识点、易错点、风险点以通俗的语言、清晰的逻辑进行讲解，书中内容采用了文字、表格、图片、视频等多种方式，通过故事分享、标准解读、案例分析等不同形式，提升了阅读趣味性，帮助读者全面、快速了解防水涂料施工工艺。

小水滴，大民生。建筑防水关系到百姓的人居环境，而这一项民生工程离不开每一位工匠的精细做工。相信《防水涂料施工工艺图解》能够做到"一书在手、一技在身"，为建筑防水的同仁提供专业的指导和借鉴。

东方雨虹董事长李卫国

2024 年 1 月

前　言

党的二十大报告提出了"推进以人为核心的新型城镇化""提高城市规划、建设、治理水平""实施城市更新行动，加强城市基础设施建设，打造宜居、韧性、智慧城市"的发展要求。城市更新、宜居等要求需要高品质的住房保障，而建筑物漏水、渗水等现象频发，直接影响了建筑物的性能，因此建筑防水成为现阶段我国急需解决的问题。防水涂料作为防水施工的有机组成部分，其施工质量尤为重要。

为指导和规范防水涂料的施工工艺，提升施工质量，雨虹学院联合各高职高专院校、企业、行业协会共同编写《防水涂料施工工艺图解》。教材具有以下特点：

1. 集**"知识、能力、价值"**于一体，融入课程思政元素、爱国情怀、工程理论及精益求精的大国工匠精神和使命担当。

2. 坚持**学做一体**，在关键内容和重要节点，增加**"学中做""查一查""思政园地"**等内容，使学生能够及时掌握所学内容并学会独立思考。

3. **创新思维导图**，在每章节前建立**"知识树"**，把本章的重点内容通过思维导图建立直观的认识，使学生对内容有一个系统的了解和掌握。

4. 探索**"岗课融通"**，有机融入**职业标准**的内容，适应学生可持续发展的需求。

5. 增加**数字化资源**，加入虚拟仿真、视频多媒体资源等信息化内容。

6. 体现**工作手册式教材**的编写思路，以工程案例导读为引导，贯穿知识点讲解，通过读书笔记，建立施工的指导方法，解决实际问题。

本教材适用 48 学时，主要学时分布见下表。

模块	项目1	项目2	项目3	项目4	项目5	项目6	项目7
学时数	4	4	10	16	4	4	6

全书由吴承霞（广州城建职业学院）、熊卫锋（东方雨虹民用建材有限责任公司）王巍（雨虹学院）担任主编，周园（雨虹学院）、李晓琳（广州城建职业学院）、夏俊杰

（广州城建职业学院）、吕秀娟（河南建筑职业技术学院）担任副主编，蒋艳芳（广州城建职业学院）、李建华（珠海建工集团）、翁庭峰（雨虹学院）等参编。

因作者水平有限，书中难免有不足之处，欢迎大家批评指正。

编　者

2023 年 9 月

目 录

项目 1　建筑防水涂料基础知识

1.1　防水涂料定义 …………………………………………………………… 003
1.2　防水涂料发展历程 ……………………………………………………… 004
1.3　工程防水基本规定 ……………………………………………………… 005
1.4　工程防水设计 …………………………………………………………… 008
思考与练习 …………………………………………………………………… 012

项目 2　防水材料及施工器具

2.1　防水材料 ………………………………………………………………… 017
2.2　配套材料 ………………………………………………………………… 030
2.3　施工器具 ………………………………………………………………… 031
思考与练习 …………………………………………………………………… 033

项目 3　防水涂料施工工艺流程

3.1　滚涂法施工工艺流程 …………………………………………………… 037
3.2　刮涂法施工工艺流程 …………………………………………………… 046
3.3　机械喷涂法施工工艺流程 ……………………………………………… 048
思考与练习 …………………………………………………………………… 050

项目 4　细部节点构造

4.1　天沟、檐沟的防水构造要求 …………………………………………… 054
4.2　女儿墙的防水构造要求 ………………………………………………… 055

4.3　落水口的防水构造要求 056
4.4　伸出屋面管道的防水构造要求 057
4.5　变形缝的防水构造要求 058
4.6　地下桩头的防水构造要求 059
4.7　地下锚杆的防水构造要求 060
4.8　侧墙群管的防水构造要求 060
4.9　卫生间门槛的防水构造要求 061
思考与练习 062

项目 5　质量检验与验收

5.1　检验文件和记录 066
5.2　防水隐蔽工程 070
5.3　建筑屋面工程 072
5.4　建筑外墙工程 072
5.5　建筑室内工程 072
思考与练习 073

项目 6　质量缺陷与防治

6.1　建（构）筑物渗漏原因及防治方法 077
6.2　建筑施工渗漏原因及防治方法 084
思考与练习 093

项目 7　施工安全保障

7.1　安全须知 097
7.2　安全施工标识 099
7.3　安全施工措施 105
7.4　成品保护和环境保护 109
思考与练习 110
参考文献 112

项目 1　建筑防水涂料基础知识

工程案例导读

建筑防水工程，初看起来不像主体结构那样重要，不会影响到建筑物的安危，也不像装饰装修工程那样直接影响美观。但是经过实地调查发现，建筑物渗漏问题是建筑物较为普遍的质量通病，也是住户反映最为强烈的问题。许多住户在使用时发现屋顶渗水（图1-1）、墙壁渗水（图1-2）、墙皮脱落（图1-3）、发霉（图1-4）等现象，会直接影响住户的身体健康，并导致财产损失。

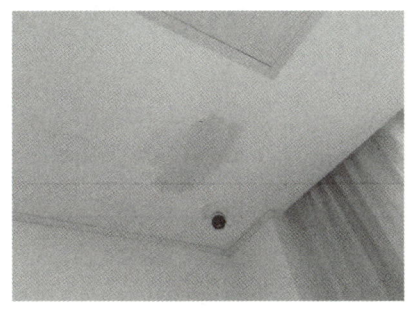 

图 1-1　屋顶渗水　　　　　　　图 1-2　墙壁渗水

读书笔记

读书笔记

图1-3　墙皮脱落

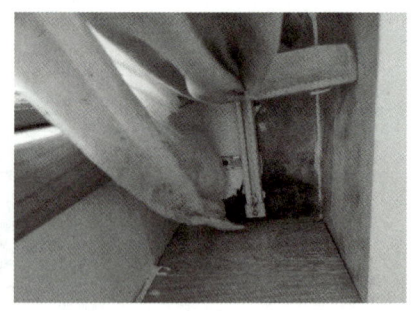

图1-4　发霉

建筑防水工程质量的好坏直接影响建筑物的使用、美观甚至安危，建筑物"十有九漏"，存在的问题相当普遍。自改革开放以来，我国经济发展迅速，建筑物层数逐渐增加，体量越来越大，使用功能和要求也随之上升，导致防水问题日益突出，单纯依靠沥青油毡已经满足不了需求。近年我国通过引进技术，学习、研究开发新产品，从防水材料、设计理念到施工工艺都有了很大的进步，编制了国家和地区性的技术规范，初步形成了建筑防水的专项技术，并且在不断发展升级中。

扫描二维码查看
房屋漏水视频

知识目标

1. 了解建筑防水行业现状。
2. 掌握工程防水的类别。
3. 掌握涂料防水的原理。

能力目标

1. 了解建筑防水工程的性质、作用和重要性。
2. 了解建筑物哪些位置需要进行防水施工。

项目 1　建筑防水涂料基础知识

思政目标

1. 树立遵守国家规范的意识。
2. 培养精益求精的工匠精神。

思维导图

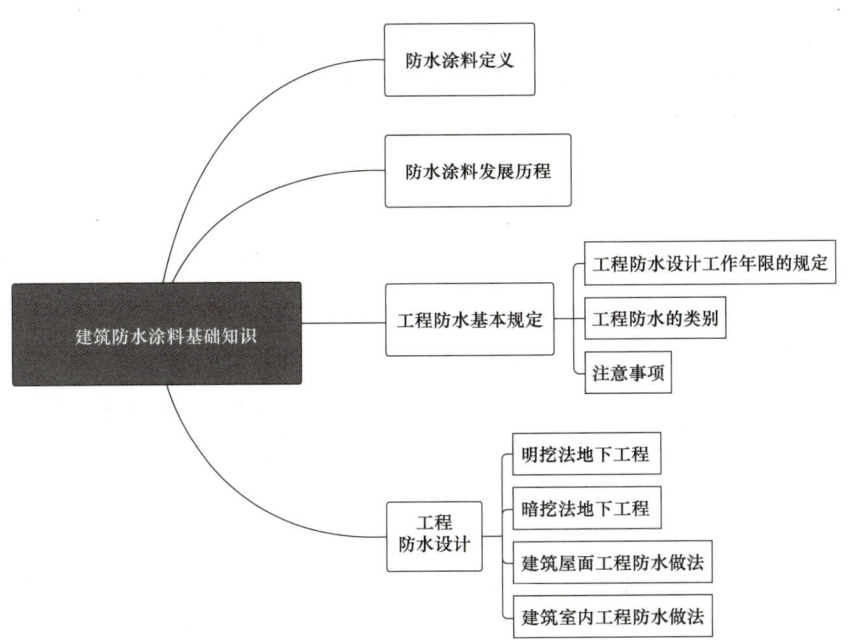

知识解读

1.1　防水涂料定义

无定形材料经现场制作，可在结构物表面固化形成具有防水能力的膜层材料，称为防水涂料。防水层的耐久性是检验防水工程的主要质量指标。

随着材料科学的进步，防水涂料的品种和范围不断扩大，防水涂料已不仅仅局限在液状体、可形成柔软膜层的材料，也有双组分涂料（液料及粉料）、需在现场拌和成膏状的复合涂料，还有粉状涂料在现场加水可拌和成稠状的防水涂料，所以防水涂料更确切地讲应是防水涂层材料，它是无定形材料（液状或现场拌制成液状）经涂覆固化形成具有防水功能膜层材料的统称。

1.2 防水涂料发展历程

我国防水涂料的研究和应用始于 20 世纪 60 年代，其产品包括皂液乳化沥青、膨润土乳化沥青、溶剂型氯丁橡胶沥青防水涂料、溶剂型再生橡胶沥青防水涂料，其中皂液乳化沥青已停止使用。随着我国高分子合成材料工业的发展，在 20 世纪 80 年代初期研发人员相继开发了聚合物改性沥青涂料、高分子防水涂料和水泥基防水涂料，其分类见表 1-1。

表 1-1 防水涂料的分类

名称	分类	
聚合物改性沥青涂料	水乳型阳离子氯丁橡胶沥青涂料	水乳型再生橡胶沥青涂料
高分子防水涂料	反应型聚氨酯防水涂料	丙烯酸高弹防水涂料
水泥基防水涂料	水泥基渗透结晶型防水涂料	聚合物水泥防水砂浆与聚合物水泥防水浆料

随着建筑技术的进步，防水领域中对聚合物改性沥青涂料及高分子防水涂料的需求逐年上升。《建筑与市政工程防水通用规范》（GB 55030—2022）、《屋面工程技术规范》（GB 50345—2012）、《地下工程防水技术规范》（GB 50108—2008）和《住宅室内防水工程技术规范》（JGJ 298—2013）对不同类别的防水涂料的质量要求、施工方法及工程验收都做了明确的规定，这对建筑防水涂料的发展起到了积极作用。到目前我国高分子类涂料在全国的产量已达 100 多万吨。

随着改革开放步伐的加快，国外的产品不断进入国内市场，合成高分子材料的引入促进了国内丙烯酸高弹防水涂料的发展，使我国丙烯酸酯类产品的耐水性能得到了改善；同时也迅速发展起了一类新型防水涂料即聚合物水泥防水涂料（俗称 JS 复合涂料），这类涂料最大的优点是固含量高、潮湿基面可施工、与砂浆和混凝土粘结性能优良、固化速度快、价格比较便宜，在用于卫生间防水及南方环境温度变化较小的屋面防水工程中显现了突出优越性。

与此同时，也出现一类新型的刚性涂层材料，用粉状无定形的材料经现场加水调成黏稠状，涂覆后可形成刚性防水涂层。该材料最大的优点是潮湿基面可施工，其中一个原因是涂层自身具有较好的抗渗性；另一个原因是涂层对基面具有渗透性，在混凝土中形成不溶于水的结晶体，填塞毛细孔道，从而使混凝土致密、防水。此类材料在地下防水工程及治理渗漏工程中得到了应用。

扫描二维码查看
防水涂料制造视频

1.3　工程防水基本规定

工程防水应遵循因地制宜、以防为主、防排结合、综合治理的原则。

1.3.1　工程防水设计工作年限

工程防水设计工作年限应符合下列规定：

（1）地下工程防水设计工作年限不应低于工程结构设计工作年限。

（2）屋面工程防水设计工作年限不应低于20年。

（3）室内工程防水设计工作年限不应低于25年。

（4）桥梁工程桥面防水设计工作年限不应低于桥面铺装设计工作年限。

（5）非侵蚀性介质蓄水类工程内壁防水层设计工作年限不应低于10年。

> **学中做**
> 1. 屋面防水年限应大于等于＿＿＿＿＿＿。
> 2. 地下工程防水设计工作年限应大于等于＿＿＿＿＿＿。

1.3.2 工程防水的类别

工程分为建筑工程和市政工程，其防水类别按照表1-2和表1-3划分。

表1-2 工程防水类别

工程类别		工程防水类别		
		甲类	乙类	丙类
建筑工程	地下工程	有人员活动的民用建筑地下室，对渗漏敏感的建筑地下工程	除甲类和丙类以外的建筑地下工程	对渗漏不敏感的物品、设备使用或贮存场所，不影响正常使用的建筑地下工程
	屋面工程	民用建筑和对渗漏敏感的工业建筑屋面	除甲类和丙类以外的建筑屋面	对渗漏不敏感的工业建筑屋面
	外墙工程	民用建筑和对渗漏敏感的工业建筑外墙	渗漏不影响正常使用的工业建筑外墙	—
	室内工程	民用建筑和对渗漏敏感的工业建筑室内楼地面和墙面	—	—
市政工程	地下工程	对渗漏敏感的市政地下工程	除甲类和丙类以外的市政地下工程	对渗漏不敏感的物品、设备使用或贮存场所，不影响正常使用的市政地下工程
	道桥工程	特大桥、大桥，城市快速路、主干路上的桥梁，交通量较大的城市次干路上的桥梁，钢桥面板桥梁	除甲类以外的城市桥工程；道路隧道工程	—
	蓄水类工程	建筑室内水池、对渗漏水敏感的室外游泳池和嬉水池，市政给水池、污水池和侵蚀性介质贮液池等工程	除甲类和丙类以外的蓄水类工程	对渗漏水无严格要求的蓄水类工程

表 1-3　工程防水按使用环境类别划分

工程类型		工程防水使用环境类别		
		Ⅰ类	Ⅱ类	Ⅲ类
建筑工程	地下工程	抗浮设防水位标高与地下结构板底标高高差 $H \geqslant 0m$	抗浮设防水位标高与地下结构板底标高高差 $H < 0m$	—
建筑工程	屋面工程	年降水量 $P \geqslant 1300mm$	$400mm \leqslant$ 年降水量 $P < 1300mm$	年降水量 $P < 400mm$
	外墙工程	年降水量 $P \geqslant 1300mm$	$400mm \leqslant$ 年降水量 $P < 1300mm$	年降水量 $P < 400mm$
	室内工程	频繁遇水场合，或长期相对湿度 $RH > 90\%$	间歇遇水场合	偶发渗漏水可能造成明显损失的场合
市政工程	地下工程*	抗浮设防水位标高与地下结构板底标高高差 $H \geqslant 0m$	抗浮设防水位标高与地下结构板底标高高差 $H < 0m$	—
	道桥工程	严寒地区，使用化冰盐地区，酸雨、盐雾等不良气候地区的使用环境	除Ⅰ类环境外的其他使用环境	—
	蓄水类工程	严寒地区，使用化冰盐地区，酸雨、盐雾等不良气候地区的使用环境	除Ⅰ类环境外干湿交替环境	除Ⅰ类环境外，长期浸水、长期湿润环境非干湿交替的环境

＊ 仅适用于明挖法地下工程。

1.3.3　注意事项

工程防水注意事项有以下几个方面：

（1）工程防水使用环境类别为Ⅰ类的明挖法地下工程，当该工程所在地年降水量大于 400mm 时，应按Ⅰ类防水使用环境选用。

（2）工程防水等级应依据工程防水类别和工程使用环境类别分为一级、二级、三级，见表 1-4。暗挖法地下工程防水等级应根据工程类别、工程地质条件和施工条件等因素确定，其他工程防水等级不应低于下列规定：

① 一级防水：Ⅰ类、Ⅱ类防水使用环境下的甲类工程；Ⅰ类防水使用环境下的乙类工程。

② 二级防水：Ⅲ类防水使用环境下的甲类工程；Ⅱ类防水使用环境下的乙类工程；Ⅰ类防水使用环境下的丙类工程。

③ 三级防水：Ⅲ类防水使用环境下的乙类工程；Ⅱ类、Ⅲ类防水使用环境下的丙类工程。

表 1-4　工程防水等级

使用环境类别	工程防水类别		
	甲	乙	丙
Ⅰ	一级	一级	一级
Ⅱ	一级	二级	三级
Ⅲ	二级	三级	三级

工程使用的防水材料应满足耐久性要求，卷材防水层应满足接缝剥离强度和搭接缝不透水性要求。

> **查一查**
>
> 你所在城市的年降水量是＿＿＿＿＿＿＿＿＿＿，其屋面工程的防水类别是＿＿＿＿＿＿＿＿＿＿。

1.4　工程防水设计

1.4.1　明挖法地下工程

1. 明挖法地下工程现浇混凝土结构防水做法。

主体结构防水做法应符合表 1-5 的规定。

表 1-5　主体结构防水做法

防水等级	防水做法	防水混凝土	外设防水层		
			防水卷材	防水涂料	水泥基防水材料
一级	不少于3道	为1道，应选	不少于2道；防水卷材或防水涂料不应少于1道		
二级	不少于2道	为1道，应选	不少于1道；任选		
三级	不少于1道	为1道，应选	—		

注：水泥基防水材料指防水砂浆、外涂型水泥基渗透结晶防水材料。

2. 叠合式结构侧墙等工程部位的外设防水层应采用水泥基防水材料。

(1) 装配式地下结构构件的连接接头设计应满足防水及耐久性要求。

(2) 明挖法地下工程结构接缝的防水设防措施应符合表1-6规定。

表1-6 明挖法地下工程结构接缝的防水设防措施

施工缝	混凝土界面处理剂或外涂型水泥基渗透结晶型防水材料	不应少于2种
	预埋注浆管	
	遇水膨胀止水条或止水胶	
	中埋式止水带	
	外贴式止水带	
变形缝	中埋式中孔型橡胶止水带	应选
	外贴式中孔型止水带	不应少于1种
	可卸式止水带	
	密封嵌缝材料	
	外贴防水卷材或外涂防水涂料	
后浇带	补偿收缩混凝土	应选
	预埋注浆管	不应少于1种
	中埋式止水带	
	遇水膨胀止水条或止水胶	
	外贴式止水带	
诱导缝	中埋式中孔型橡胶止水带	应选
	密封嵌缝材料	不应少于1种
	外贴式止水带	
	外贴防水卷材或外涂防水涂料	

学中做

明挖法地下工程结构变形缝的防水应选_____，后浇带的防水应选_____；诱导缝的防水应选_____。

1.4.2 暗挖法地下工程

暗挖法地下工程主要有矿山法和盾构法施工。

1. 矿山法地下工程复合式衬砌的防水做法应符合表 1-7 的规定。

表 1-7　矿山法地下工程复合式衬砌的防水做法

防水等级	防水做法	防水混凝土	外设防水层		
			塑料防水板	预铺反粘高分子防水卷材	喷涂施工的防水涂料
一级	不应少于2道	为1道，应选	塑料防水板或预铺反粘高分子防水卷材不应少于1道，且厚度不应小于1.5mm		
二级	不应少于2道	为1道，应选	不应少于1道；塑料防水板厚度不应小于1.2m		
三级	不应少于1道	为1道，应选	—		

2. 盾构法地下工程的防水做法应符合下列规定。

（1）混凝土管片抗压强度等级不应低于C50，且抗渗等级不应低于P10。

（2）管片应至少设置1道密封垫沟槽，管片接缝密封垫应能被完全压入管片沟槽内。密封垫沟槽截面积与密封垫截面积的比例不应小于1.00，且不应大于1.15。

（3）管片接缝密封垫应能保障在计算的接缝最大张开量、设计允许的最大错位量及埋深水头不小于2倍水压的情况下不渗漏。

（4）管片螺栓孔的橡胶密封圈外形应与沟槽相匹配。

学中做

矿山法地下工程复合式衬砌二级防水等级的防水做法不应少于_____道，防水混凝土为_____道，塑料防水板厚度不应小于_____。

1.4.3 建筑屋面工程的防水做法

平屋面、瓦屋面和金属屋面工程的防水做法应符合表1-8~表1-10的规定。

表1-8 平屋面工程的防水做法

防水等级	防水做法	防水层	
		防水卷材	防水涂料
一级	不应少于3道	卷材防水层不应少于1道	
二级	不应少于2道	卷材防水层不应少于1道	
三级	不应少于1道	任选	

表1-9 瓦屋面工程的防水做法

防水等级	防水做法	防水层		
		屋面瓦	防水卷材	防水涂料
一级	不应少于3道	为1道，应选	卷材防水层不应少于1道	
二级	不应少于2道	为1道，应选	不应少于1道，任选	
三级	不应少于1道	为1道，应选	—	

表1-10 金属屋面工程的防水做法

防水等级	防水做法	防水层	
		金属板	防水卷材
一级	不应少于2道	为1道，应选	不应少于1道，厚度不应小于1.5mm
二级	不应少于2道	为1道，应选	不应小于1道
三级	不应少于1道	为1道，应选	

注：全焊接金属板屋面的防水做法应视为一级防水等级。

> **学中做**
>
> 平屋面一级防水等级的防水做法不应少于_____道，卷材防水层不应少于_____道。

1.4.4 建筑室内工程防水做法

室内楼地面防水做法应符合表 1-11 的规定。

表 1-11　室内楼地面防水做法

防水等级	防水做法	防水层		
		防水卷材	防水涂料	水泥基防水材料
一级	不应少于 2 道	防水涂料或防水卷材不应少于 1 道，任选		
二级	不应少于 1 道			

思考与练习 >>>

1. 建筑物为什么会出现渗漏？
2. 建筑物渗漏有什么危害？
3. 建筑防水工程要达到哪些要求？

思政阅读 >>>

工匠精神

"执着专注、精益求精、一丝不苟、追求卓越。"这是工匠精神深刻内涵的高度概括。执着专注是工匠的本分，精益求精是工匠的追求，一丝不苟是工匠的作风，追求卓越是工匠的使命。

所谓"工匠"，工，巧饰也；匠，木工也；工匠者，乃精雕细琢之人。

中国古代的建筑匠师和工官制度密切相关。主管营建工程的官吏在现知较早的官书《考工记》中被称为匠人，秦汉时期称之为"将作大匠"，唐宋时期称之为"将作监"。西汉阳城延、北魏李冲和蒋少游，隋代宇文恺、唐代阎立德等都是著名的建筑匠师，宋代李诫创作的《营造法式》尤为出名，是中国古代最完整的建筑技术书籍。这些工官多因工巧，善于钻研，所以能精通专业，胜任职事。到了唐宋都称之为"都料匠"，宋代都料匠喻皓曾著《木经》。明代专业匠师有不少人后来升任为主管工程的高级官吏，如郭文英以做头官至工部右侍郎，蒯（kuǎi）祥以木工首官至工部左侍郎，徐杲以普通工匠官至工部尚书。清代还出现了匠师世家，如"样式雷"几代人负责皇家宫廷营建，"山子张"参与清初近百年皇家园林造园叠山等。

从历经千年的赵州桥，到延绵万里的长城，缔造了拥有五千年灿烂文明的中国。古代的"中国制造"远近闻名，离不开千千万万追求精湛技艺的工匠敬业、勤奋、执着的付出。今天，实现中华民族伟大复兴的中国梦，更需要传承和发扬工匠精神。

图 1-5　《营造法式》

图 1-6　故宫

蒯祥，明代著名建筑匠师。他主持并参与了多项重大工程的建设，主要有承天门（即天安门）、明代故宫、北京西苑殿宇、隆福寺、长陵、南陵、裕陵等建筑。北京故宫是世界上规模最大、保存最完好的木结构宫殿建筑群。明清故宫始建于明朝永乐四年（1406年），建成于永乐十八年（1420年），呈长方形状，南北长961米，东西宽753米，占地面积达72万多平方米。

当今社会，工匠精神更是一种职业精神，它是职业道德、职业能力、职业品质的体现，是从业者的一种职业价值取向和行为表现。工匠精神需要人们树立对工作执着热爱的态度，对所做的工作、所生产的产品有着精益求精、精雕细琢的追求。建筑业是最能体现"工匠精神"的行业，"对产品精雕细琢、追求完美和极致"的工匠精神理念对提高建筑业工程品质、促进行业健康发展至关重要。

 思政园地 >>>

了解古今防水发展历程，浅谈如何通过防水工程提升建筑居住体验。

项目 2　防水材料及施工器具

工程案例导读

伴随着我国科学技术的不断发展，建筑防水工程所使用的防水材料和施工技术也取得了非常大的进步，为了使施工防水工程的质量得到有效保证，要合理使用建筑材料以及施工技术，不断寻找防水效果更好、成本更低、环境效益更高的防水材料，并不断改进施工工艺。本章主要针对聚氨酯防水涂料、丙烯酸高弹防水涂料、聚合物水泥防水涂料、水泥基渗透结晶型防水涂料、聚合物改性水泥基防水灰浆（图 2-1）及施工器具等进行讲解。

读书笔记

图 2-1　防水材料

读书笔记

知识目标

1. 了解建筑各类防水材料使用事项。
2. 掌握各类防水材料适用范围。
3. 掌握各类防水施工器具的使用规范。

能力目标

1. 掌握防水材料使用的注意事项。
2. 掌握防水施工器具的使用。

思政目标

1. 树立遵守国家规范的意识。
2. 培养精益求精的工匠精神。

思维导图

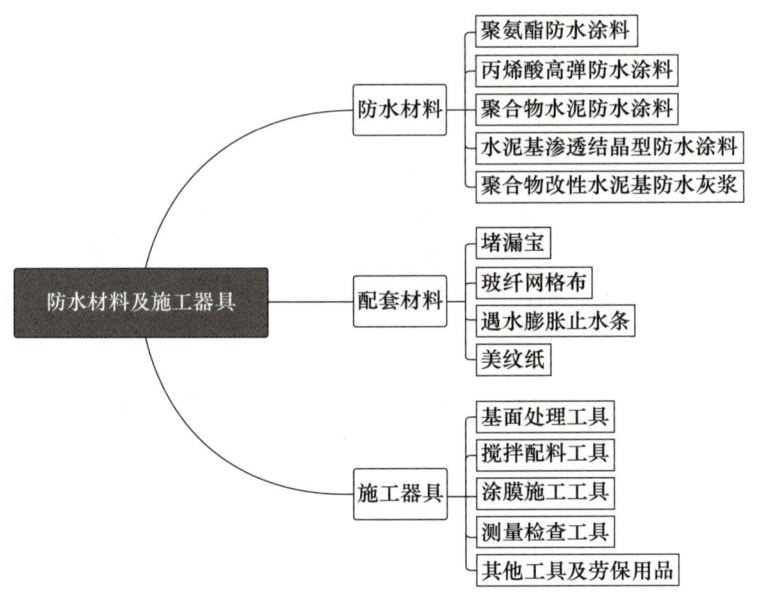

项目 2　防水材料及施工器具

2.1　防水材料

2.1.1　聚氨酯防水涂料

1. 产品描述

聚氨酯防水涂料是由异氰酸酯、聚醚等经加成聚合反应而成的含异氰酸酯基的预聚体，配以催化剂、无水助剂、无水填充剂、溶剂等，经混合等工序加工制成的单组分聚氨酯防水涂料。聚氨酯防水涂料按组分分为单组分（S）、多组分（M）两种（图 2-2），按基本性能分为Ⅰ型、Ⅱ型和Ⅲ型。其中，双组分聚氨酯防水涂料在现场混合搅拌均匀可形成高弹性涂膜防水层，是目前国内用得较多的一种高档防水涂料。

扫描二维码查看
聚氨酯防水涂料视频

(a) 单组分聚氨酯防水涂料　(b) 双组分聚氨酯防水涂料

图 2-2　聚氨酯防水涂料

扩展阅读

扫描二维码查看最新产品

2. 性能指标

产品执行《聚氨酯防水涂料》（GB/T 19250—2013）要求，其基本性能符合表 2-1 的规定。

表 2-1　聚氨酯防水涂料基本性能

序号	项目		技术指标		
			Ⅰ	Ⅱ	Ⅲ
1	固体含量/%	单组分	≥85.0		
		多组分	≥92.0		

017

续表

序号	项目		技术指标		
			Ⅰ	Ⅱ	Ⅲ
2	表干时间/h		≤12		
3	实干时间/h		<24		
4	流平性[a]		20min 时，无明显齿痕		
5	拉伸强度/MPa		≥2.00	≥6.00	≥12.0
6	断裂伸长率/%		≥500	≥450	≥250
7	撕裂强度/（N/mm）		≥15	≥30	≥40
8	低温弯折性		−35℃，无裂纹		
9	不透水性		0.3MPa，120min，不透水		
10	加热伸缩率/%		−4.0～+1.0		
11	粘结强度/MPa		≥1.0		
12	吸水率/%		≤5.0		
13	定伸时老化	加热老化	无裂纹及变形		
		人工气候老化[b]	无裂纹及变形		
14	热处理（80℃，168h）	拉伸强度保持率/%	80～150		
		断裂伸长率/%	≥450	≥400	≥200
		低温弯折性	−30℃，无裂纹		
15	碱处理[0.1%NaOH+饱和Ca（OH）$_2$溶液，168h]	拉伸强度保持率/%	80～150		
		断裂伸长率/%	≥450	≥400	≥200
		低温弯折性	−30℃，无裂纹		
16	酸处理（2%H$_2$SO$_4$，溶液，168 h）	拉伸强度保持率/%	80～150		
		断裂伸长率/%	≥450	≥400	≥200
		低温弯折性	−30℃，无裂纹		
17	人工气候老化[b]（1000h）	拉伸强度保持率/%	80～150		
		断裂伸长率/%	≥450	≥400	≥200
		低温弯折性	−30℃，无裂纹		
18	燃烧性能[b]		B$_2$-E（点火 15s，燃烧 20s，F_s≤150mm，无燃烧滴落物引燃滤纸）		

[a] 该项性能不适用于单组分和喷涂施工的产品。流平性时间也可根据工程要求和施工环境由供需双方商定并在订货合同与产品包装上明示。
[b] 仅外露产品要求测定。

3. 产品特点

产品具有高强度、高延伸率、高固含量、黏结力强、自然流平、延伸性好等特点，使用时能克服基层断裂带来的渗漏，常温施工，操作简便，无毒无害，耐候性强，耐老化性强。

4. 适用范围

产品适用于各种屋面防水工程（须覆盖保护层），地下建筑防水工程，厨房、浴室、卫生间防水工程，水池、游泳池防漏工程，地下管道的防水、防腐蚀工程（图2-3）。

(a) 屋面防水

(b) 地下防水

(c) 厨卫防水

图 2-3　聚氨酯防水涂料适用范围

5. 注意事项

（1）施工温度为 5～35℃，在雨雪环境下不得施工。

（2）应在通风良好的条件下施工，施工人员应做好相应的安全防护措施。

（3）施工时直接使用，无需添加任何稀释剂；若需添加，请咨询相关技术人员，并通过现场小试验证不影响产品干燥速度后，方可大面积使用。

（4）施工请按照厂家提供的指导说明进行，施工前请阅读产品安全说明书。

（5）涂料不能直接涂刷在饮用水管及饮用水设备上。

（6）贮存与运输时，不同分类的产品应分别堆放。禁止接近火源，避免日晒雨淋，防止碰撞，注意通风贮存温度 5～40℃。在正常贮存、运输条件下，贮存期自生产日起至少为 6 个月。

学中做

1. 聚氨酯防水涂料按组分分为_____和_____，按基本性能分为_____和_____。

2. 聚氨酯防水涂料贮存时应注意温度控制在_____℃至_____℃。

2.1.2 丙烯酸高弹防水涂料

1. 产品描述

丙烯酸高弹防水涂料（图 2-4）是一种水性、高耐候单组分防水涂料。该产品以优质丙烯酸酯多元共聚乳液为基料，辅以精选颜料、填料经科学配比加工而成。涂膜具有优异的弹性、粘结力、极佳的抗紫外线性能和光反射性能，可对多种基材提供持久保护。

扫描二维码查看
丙烯酸高弹防水涂料视频

图 2-4　丙烯酸高弹防水涂料

扩展阅读
扫描二维码查看最新产品

2. 性能指标

执行《金属屋面丙烯酸高弹防水涂料》（JG/T 375—2012）要求，其物理性能应符合表 2-2 的规定。

表 2-2　丙烯酸高弹防水涂料的物理性能

序号	检测项目	技术指标	
		普通型	热反射型
1	固体含量/%	≥65	
2	拉伸强度/MPa	≥1.5	
3	断裂伸长率/%	≥150	
4	低温弯折性	-30℃，1h 无裂纹，并不与底材脱离	
5	耐热性	90℃，5h 无起泡、剥落、裂纹	
6	不透水性	0.3MPa，30min 不透水	
7	撕裂强度/（N/mm）	≥12	

注：以上部分数据为无处理状态下进行的试验结果。

3. 产品特点

（1）丙烯酸高弹防水涂料坚韧，黏结力很强，弹性防水膜与基层构成一个刚柔结合完整的防水体系以适应结构的种种变形，达到长期防水抗渗的作用。

（2）丙烯酸涂料多采用丙烯酸酯多元共聚乳液为基料不含任何有机溶剂，无毒，无污染，绿色安全，对环境友好。

（3）涂料是一种水性、高耐候单组分防水涂料，开桶即可涂刷，施工便捷。

（4）涂料成膜后在-30℃条件下弯折无裂纹，具有良好的低温弯折性能。

（5）涂料成膜后耐酸碱腐蚀，可以抑制霉菌及藻类生长。

（6）具有较好抗拉伸强度，拉伸强度可达 1.5MPa。

（7）具有突出的户外耐久性和抗紫外线性能。

4. 适用范围

适用于彩钢屋面等直接外露的金属屋面防水工程，也可用于混凝土屋面、老化沥青屋面等其他屋面系统（图 2-5）。

(a) 金属屋面

(b) 混凝土屋面

图 2-5 丙烯酸高弹防水涂料适用范围

5. 注意事项

（1）施工温度 5～35℃，防止材料冻损、热损。

（2）涂料可加水稀释，加水量不应超过涂料量的 5%。

（3）单遍施工湿膜厚度不应大于 0.6mm，防止材料过厚无法彻底干燥。

（4）涂膜完全干燥为 2～3d，潮湿环境应适当延长干燥时间。

（5）涂膜完全干燥后方可进行闭水试验，否则闭水试验会破坏未干燥的防水涂料，产生涂层损伤。

（6）验收合格后，及时进行现场防护管理或按设计要求做隔离层施工。

> **学中做**
> 1. 丙烯酸高弹防水涂料有抗拉性，拉伸强度可达_____MPa。
> 2. 彩钢屋面等直接外露的金属屋面防水工程可用_____防水涂料。

2.1.3 聚合物水泥防水涂料

1. 产品描述

扫描二维码查看
聚合物水泥防水涂料视频

聚合物水泥防水涂料（简称JS防水涂料）（图2-6）是由合成高分子聚合物乳液（如聚丙烯酸酯、聚醋酸乙烯酯、丁苯橡胶乳液等）及各种添加剂优化组合而成的液料和配套的粉料（由特种水泥、石英粉及各种添加剂组成）复合而成的双组分防水涂料，是一种既具有合成高分子聚合物材料弹性高、又有无机材料耐久性好的防水材料。

图2-6 聚合物水泥防水涂料

2. 性能指标

产品执行《聚合物水泥防水涂料》（GB/T 23445—2009）的要求，其物理性能应符合表2-3的规定。

表 2-3　聚合物水泥防水涂料的物理性能

序号	检测项目	技术指标		
		Ⅰ型	Ⅱ型	Ⅲ型
1	固体含量/%	≥70		
2	拉伸强度/MPa	≥1.2	≥1.8	≥1.8
3	断裂伸长率/%	≥200	≥80	≥30
4	低温柔性（φ10mm 棒）	－10℃，无裂纹		
5	粘接强度/MPa	≥0.5	≥0.7	≥1.0
6	不透水性	0.3MPa，30min 不透水		

注：以上部分数据为无处理状态下进行的试验结果。

3. 产品特点

（1）聚合物水泥防水涂料是由聚合物防水乳液、特种胶凝材料、优质骨料按特殊工艺混合而成的水泥基复合材料，作为刚柔结合的新型无机防水材料涂刷成膜后涂膜强度高，延伸大。

（2）产品采用液料、粉料双组分根据配合比进行搅拌融合，融合后可采用辊涂、刷涂或喷涂施工。

（3）聚合物水泥防水涂料为绿色环保材料，不污染环境，绿色安全，对环境友好。

（4）可在无明水潮湿基面上施工，材料与水泥基面粘接强度可达 0.5MPa 以上，具有良好的粘接性能。

4. 适用范围

聚合物水泥防水涂料适用于建筑室内厕浴间、厨房、阳台、楼地面及地暖等部位的防水工程（图 2-7），也可用于非外露屋面多道防水设防中的一道，但不适用于地下结构迎水面防水工程中。

(a) 厕浴间、厨房

(b) 楼地面

图 2-7　聚合物水泥防水涂料适用范围

5. 注意事项

(1) 施工温度5～35℃,防止材料冻损、热损。

(2) 涂料应准确按照标注的规定比例,进行配合搅拌,应确保搅拌均匀。

(3) 搅拌好的材料应在2h内使用完毕,未能及时使用完的产品禁止加水调节后再次使用。

(4) 涂膜涂刷后完全干燥需1～2d,潮湿环境应适当延长干燥时间。

(5) 涂膜完全干燥后方可进行闭水试验,否则闭水试验会破坏未干燥的防水涂料,产生涂层损伤。

学中做

1. 聚合物水泥防水涂料施工温度控制在_____℃至_____℃。

2. 聚合物水泥防水涂料应在_____h内使用完毕,未及时使用完的产品_____加水调节后再次使用。

2.1.4 水泥基渗透结晶型防水涂料

1. 产品描述

水泥基渗透结晶型防水涂料(图2-8)是以硅酸盐水泥、特别选制的石英砂等为基材,掺入多种特殊的活性化学物质制成的一种粉状材料,是一种无气、无味、无毒、无公害的绿色环保材料。

扫描二维码查看
水泥基渗透结晶型防水涂料视频

图2-8 水泥基渗透结晶型防水涂料

2. 性能指标

应满足《水泥基渗透结晶型防水材料》(GB 18445—2012)的

要求，其物理性能应符合表 2-4 的规定。

表 2-4　水泥基渗透结晶型防水涂料物理性能

序号	项　目		技术指标
1	外观		均匀、无结块
2	含水率/%		≤1.5
3	细度，0.63mm 筛余/%		≤5
4	氯离子含量/%		≤0.10
5	施工性	加水搅拌后	刮涂无障碍
		20 min	刮涂无障碍
6	抗折强度（28d）/MPa		≥2.8
7	抗压强度（28d）/MPa		≥15.0
8	湿基面粘结强度（28d）/MPa		≥1.0
9	砂浆抗渗性能	带涂层砂浆的抗渗压力[a]（28d）/MPa	报告实测值
		抗渗压力比（带涂层）（28d）/%	≥250
		去除涂层砂浆的抗渗压力（28d）/MPa	报告实测值
		抗渗压力比（去除涂层）（28d）/%	≥175
10	混凝土抗渗性能	带涂层砂浆的抗渗压力[a]（28d）/MPa	报告实测值
		抗渗压力比（带涂层）（28d）/%	≥250
		去除涂层砂浆的抗渗压力（28d）/MPa	报告实测值
		抗渗压力比（去除涂层）（28d）/%	≥175
		带涂层混凝土的第二次抗渗压力（56d）/MPa	≥0.8

[a] 基准砂浆和基准混凝土 28d 抗渗压力应为 $0.4^{+0.0}_{-0.1}$ MPa，并在产品质量检验报告中列出。

3. 产品特点

本材料能在潮湿、干燥等多种基面上施工；使用寿命长，具有较强的耐候性、耐老化性、耐油污性及一定的耐酸性，防水性能优越，无毒、无味、无污染，施工安全简便，工期短。

本材料为无机材料，可长期承受水压高达 300m 水头；自愈合性能强，可自愈合 0.4mm 混凝土裂缝；背水面施工性能卓越，解决大量地下室渗漏问题；无毒，环保，防腐，耐酸碱，可提高混凝土强度；无须找平层和保护层，节省工期，加快工程进度，施工综合成本大大降低；是永不失效的防水系统，当其他防水系统失效后可继续工作；具有渗透功能，能通过化学反应渗透到混凝土内部，产生结晶体，堵住混凝土的毛细孔。

4. 适用范围

水泥基渗透结晶型防水涂料广泛用于地下室混凝土结构、隧道、污水处理池、自来水池、下水道、电梯井、游泳池、化工厂等水泥混凝土的永久性抗渗防水工程（图2-9）。

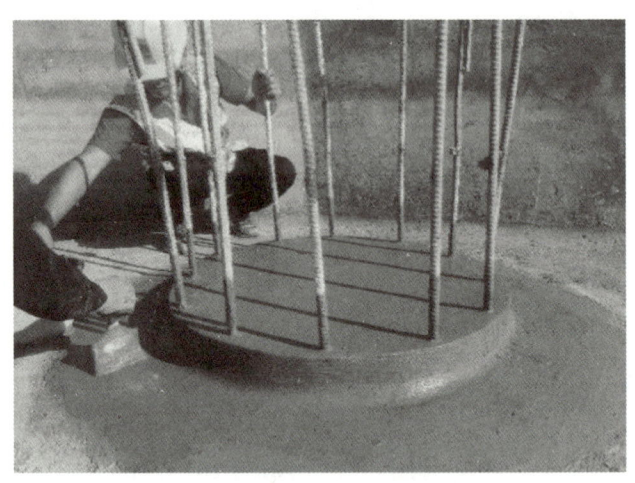

图2-9 水泥基渗透结晶型防水涂料适用范围

5. 注意事项

水泥基渗透结晶型防水涂层施工作业后严格、及时、适时的喷雾养护是防水层成功的关键。

（1）渗透结晶型涂层材料涂到基面后，要给涂层不断补水，使很薄的涂层材料在空气中保持潮湿状态，才能达到应有的强度，否则涂层强度会降低，甚至粉化。

（2）如果水喷大了，在薄涂层强度很低时会将涂层材料冲掉。

（3）如果喷水不足，会造成涂层材料缺水，水化反应进行不完全达不到应有强度。

学中做

1. 水泥基渗透结晶型防水涂料能在_____、_____等多种基面上施工。

2. 渗透结晶型涂层材料涂到基面后，要给涂层不断_____，使很薄的涂层材料在空气中保持潮湿状态，才能达到应有的强度。

2.1.5 聚合物改性水泥基防水灰浆

1. 产品描述

聚合物改性水泥基防水灰浆（图 2-10）是以优质改性多元共聚乳液和多种添加剂组成的有机液料，再以硅酸盐水泥及多种填充料组成的无机粉料，经一定比例配制成的双组分聚合物改性水泥基防水涂层材料。

扫描二维码查看
聚合物改性水泥基防水灰浆视频

图 2-10 聚合物改性水泥基防水灰浆

2. 性能指标

执行《聚合物水泥防水浆料》（JC/T 2090—2011）要求，物理性能应符合表 2-5 的规定。

表 2-5 聚合物水泥防水浆料的物理性能

序号	检测项目	技术指标 Ⅰ型	技术指标 Ⅱ型
1	表干时间/h	≤4	
2	实干时间/h	≤8	
3	抗渗压力/MPa	≥0.5	≥1.0
4	柔韧性（横向变形能力）/mm	2.0	—
5	粘接强度（无处理）/MPa	≥0.7	
6	不透水性（0.3MPa,30min）	—	不透水
7	抗折强度/MPa	≥4.0	

3. 产品特点

产品为水性涂料，无毒、无味、无污染，绿色安全，对环境友好；抗渗压力指标≥0.5MPa，抗渗性能良好，粘接性好；粘接强度高达 0.7MPa，可以很好与基层进行粘接；初凝时间小于 4h，干燥速度快。

4. 适用范围

聚合物改性水泥基防水灰浆适用于建筑室内厕浴间、厨房、阳台、楼地面及地暖等部位以及建筑外墙非瓷砖、石材饰面体系的防水、防渗工程，也可用于地下基础和背水面的防水层维修（图 2-11）。

(a) 厕浴间、厨房防水

(b) 背水面防水

图 2-11　聚合物改性水泥基防水灰浆适用范围

5. 注意事项：

（1）施工温度 5～35℃，防止材料冻损、热损。

（2）涂料应准确按照标注的规定比例，进行配合搅拌，应确保搅拌均匀，并在 30 min 内使用完毕。

（3）使用过程中应从桶底抄料使用，并禁止二次加水。

2.1.6　其他高性能防水材料

1. 产品描述

硅烷改性聚醚防水涂料是以硅烷改性聚醚为基础聚合物，配以助剂、填充剂、颜料及催化剂，采用国际先进制造技术制备而成的一种单组分、无溶剂黏稠状防水涂料。使用时涂覆在基层上，通过与湿气反应固化，形成连续无接缝的高分子弹性防水膜。

2. 性能指标

本小节以两种最新产品（DMSC-211 硅烷改性聚醚防水涂料和 DMSC-212 硅烷改性聚醚防水涂料）为例介绍硅烷改性聚醚防水涂料的物理性能指标（表 2-6）。

表 2-6　硅烷改性聚醚防水涂料的物理化学性能指标

项目	DMSC-211 硅烷改性聚醚防水涂料		DMSC-212 硅烷改性聚醚防水涂料	
	技术指标	典型值	技术指标	典型值
固体含量/%	≥98	99	≥98	99
表干时间/h	≤6	2	≤6	1.5
实干时间/h	≤12	4	≤12	4
拉伸强度/MPa	≥1.0	1.3	≥1.0	1.2
断裂伸长率/%	≥400	600	≥400	550
低温弯折性	−40℃，无裂纹			
不透水性	0.6MPa，120min 不透水			
粘结强度/MPa	≥0.6	0.8	≥0.6a	0.80
吸水率/%	≤4.0	1.9	≤4.0	2.0
VOC/（g/L）	≤30	14	≤300	9

3. 产品特点

硅烷改性聚醚防水涂料环保性能高，不添加溶剂，无异味，在通风不畅区域可安全使用。既可作单独涂膜防水，也可与沥青卷材形成复合防水系统，又可做沥青卷材和保温板粘结剂，与混凝土、石材、木材、金属等基层，以及保温板、聚氨酯、沥青等材料的相容性高。冷施工，一次涂布可达一道设计厚度（1.5~2.0mm），外观无气泡；快速固化，常温（23℃）4h 实干，低温（−10℃）下 24h 可固化。

4. 适用范围

硅烷改性聚醚防水涂料适用于非暴露屋面，建筑地下、室内及阳台，蓄水类工程，地下管廊等防水工程。

5. 注意事项

（1）施工环境温度为 −10~40℃，雨、雪、大风天气不宜施工。

（2）产品为无溶剂反应型防水涂料，直接使用。如低温施工黏度大，可先在温室中存放或置于 40℃水浴。

（3）产品固化速度快，施工过程中宜连续施工，不宜长期暴露。

（4）涂料桶中有剩余时，应密封严实，存放于阴凉通风处，严禁烟火。

读书笔记

学中做

请在表2-7中将本节所讲解的六种涂料进行比较。

表2-7　五种涂料比较

品种	优点	缺点	使用范围
聚氨酯防水涂料			
丙烯酸高弹防水涂料			
聚合物水泥防水涂料			
水泥基渗透结晶型防水涂料			
聚合物改性水泥基防水灰浆			

2.2　配套材料

施工中配套材料见表2-8。

表2-8　配套材料表

材料名称	类别	产品特点	适用范围	图片展示
堵漏宝	水泥基	固化快，渗透力强，配比：0.25～0.28	一般适用于基层的局部修补及堵漏	
玻纤网格布	耐碱玻璃纤维	密度：30～50g/m²；规格：30m	一般适用于节点及接茬部位的增强处理	
遇水膨胀止水条	橡胶	浸水膨胀	一般适用于基层新老混凝土之间的缝隙，起密封止水作用	
美纹纸	胶带类	规格：2cm	一般用于标记涂刷涂料的高度及边缘收边处理	

2.3 施工器具

2.3.1 基面处理工具

基面处理工具（图2-12）主要用于清理基层表面的凸起物，砂浆疙瘩、浮灰杂物等。

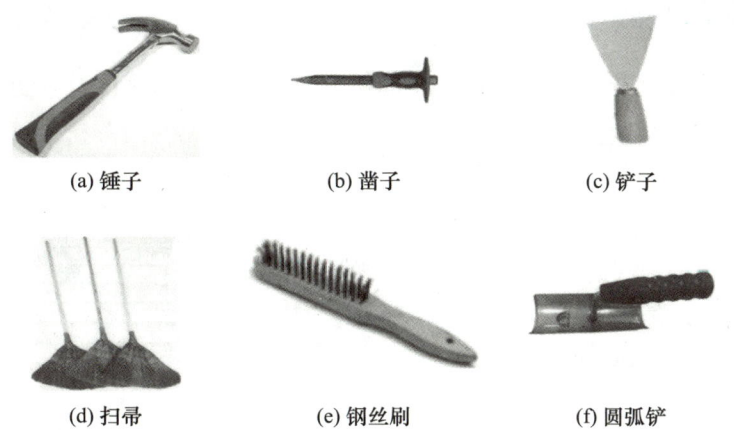

(a) 锤子　　　(b) 凿子　　　(c) 铲子

(d) 扫帚　　　(e) 钢丝刷　　　(f) 圆弧铲

图2-12　基面处理工具

2.3.2 搅拌配料工具

搅拌配料工具（图2-13）主要用于材料定量量取并混合搅拌（适用于双组分及多组分材料）。

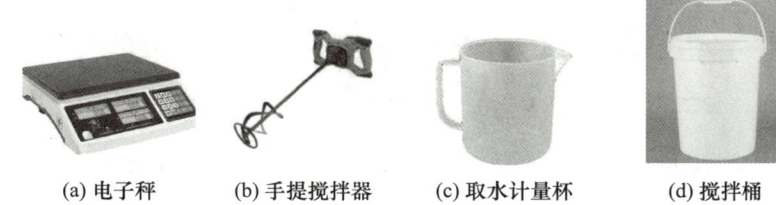

(a) 电子秤　　　(b) 手提搅拌器　　　(c) 取水计量杯　　　(d) 搅拌桶

图2-13　搅拌配料工具

2.3.3 涂膜施工工具

涂膜施工工具（图2-14）主要用于防水层大面及节点的涂膜施工。

(a) 橡胶刮板　　　(b) 油漆刷　　　(c) 滚筒

图 2-14　涂膜施工工具

2.3.4　测量检查工具

测量检查工具（图 2-15）主要用于标记防水的高度及检查基层的坚实平整度。

(a) 钢卷尺　　　(b) 空鼓锤　　　(c) 墨线盒

图 2-15　测量检查工具

2.3.5　其他工具及劳保用品

劳保用品（图 2-16）主要用于施工人员的施工防护及安全保障。

(a) 配电箱　　　(b) 灭火器　　　(c) 壁纸刀

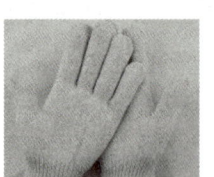  

(d) 手套　　　(e) 工作服　　　(f) 安全帽

图 2-16　其他工具及劳保用品

思考与练习

1. 简述涂料防水施工的要点。
2. 简述防水材料的应用要注意的问题。
3. 阐述水泥基渗透结晶型防水涂料施工要点。
4. 请将图 2-17 中常用器具的名称和图片对应相连。

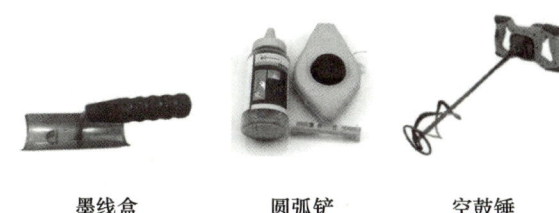

墨线盒　　　圆弧铲　　　空鼓锤

安全帽　　　手提搅拌器

图 2-17　连连看

思政阅读

大国工匠

从古至今，我国劳动人民勤劳智慧、匠人辈出。中华人民共和国成立以来，特别是改革开放以来，祖国建设一日千里，建筑事业蓬勃发展，涌现出了许许多多建设工匠。他们都是平凡的劳动者，在平凡的岗位上展现了"大国工匠"的气质。

近年来，我国越来越重视工匠精神的培育，一批批"大国工匠"不断涌现。党的十九大报告中提出"要建设知识型、技能型、创新型劳动者大军，弘扬劳模精神和工匠精神，营造劳动光荣的社会风尚和精益求精的敬业风气"。当前，我国社会主义现代化建设迈入一个新的阶段，我国正在从制造大国向制造强国转变，由建筑大国向建筑强国转变，智能建造、信息化技术、大数据、装配式建

读书笔记

筑和 BIM 技术等加速了建设行业的转型升级。这背后不仅需要技术的持续进步，企业管理水平的稳步提升，更重要的是培养有职业精神的大国工匠。

 思政园地 >>>

浅谈施工作业人员应具备哪些职业道德。

项目 3　防水涂料施工工艺流程

　　防水施工工艺是指各种防水涂料的施工工艺，但是选好了防水涂料，并不代表防水就万无一失。俗话说，"三分材料，七分施工"，防水涂料施工（图 3-1）包含防水涂料施工工艺流程和验收。

(a) 防水涂料施工

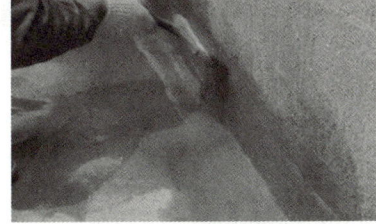
(b) 验收

图 3-1　防水涂料施工

知识目标

1. 掌握防水涂料施工方法。
2. 掌握滚涂、刮涂、机械喷涂施工和验收要点。

能力目标

1. 了解滚涂、刮涂、机械喷涂施工过程。
2. 能够运用不同施工方法进行防水施工。

思政目标

1. 树立遵规守纪的责任意识。
2. 培养爱岗敬业的行业精神。

思维导图

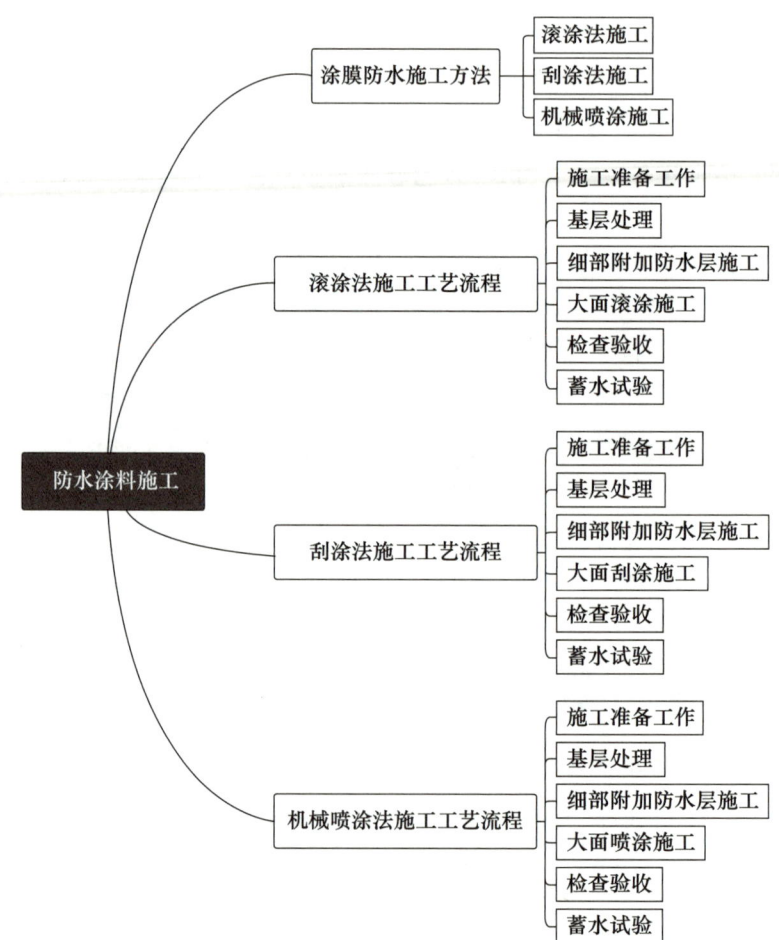

知识解读

防水涂料施工主要包括滚涂施工、刮涂施工和机械喷涂施工。其施工方法与适用范围见表 3-1。

表 3-1 防水涂料施工方法与适用范围

序号	施工方法	示意图	具体做法	适用范围
1	滚涂法		用棕刷、长柄刷、圆滚刷蘸防水涂料进行涂刷	用于涂刷立面防水层和节点部位细部处理
2	刮涂法		用胶皮刮板涂布防水涂料。先将防水涂料倒在基层上，用刮板来回涂刮，使其厚薄均匀	用于黏度较大的涂料在大面积上的施工
3	机械喷涂法		将防水涂料倒入设备内，通过喷枪将防水涂料均匀喷出	用于黏度较小的防水涂料在大面积上的施工

做中学

利用网络资源查一查滚涂法、刮涂法、机械喷涂法这三种常见施工方法的施工视频，总结并做经验分享。

3.1 滚涂法施工工艺流程

滚涂法施工工艺流程（常用于水性材料，如水性防水涂料）：施工准备工作→基层处理→细部附加防水层施工→大面滚涂施工→检查验收→蓄水试验。

1. 施工准备工作

施工准备工作流程如图 3-2 所示。

读书笔记

第一步：材料整齐码放，并拉好警戒线，摆放标志牌

第二步：准备好施工所用机具

第三步：经过培训的专业施工人员需正确佩戴安全帽，穿戴工作服、劳保鞋等防护用品进场作业

第四步：安全、技术交底，讲解施工方案，明确施工做法和要点，了解工期安排

图 3-2 施工准备工作流程

2. 基层处理

防水基面应合格，阴、阳角处宜按设计要求做成圆弧形，且应整齐平顺。防水施工之前使用专用的施工工具将基层上的尘土、砂浆块、杂物、油污等清除干净；基层有凹凸不平的应采用高强度等级的水泥砂浆对低凹部位进行找平，基层有裂缝的先将裂缝剔成斜坡槽，再采用柔性密封材料、腻子型的浆料、聚合物水泥砂浆进行修补；基层有蜂窝孔洞的，应先将松散的石子剔除，用聚合物水泥砂浆修补平整。具体施工步骤如图 3-3 所示。

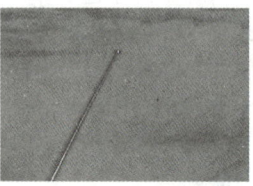
第一步：使用空鼓锤多点敲击，检查基层是否空鼓

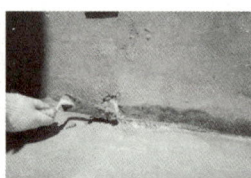
第二步：基层有凹凸不平时需要用堵漏宝或者水泥砂浆修补

第三步：去除墙地面的浮浆及附着物

第四步：管壁上的浮浆清理干净

第五步：管根以及地漏进行剔槽20mm×20mm

第六步：地漏进行剔槽20mm×20mm

第七步：阳角使用打磨机磨成圆弧

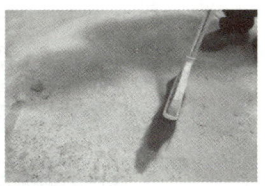
第八步：清扫基层上的灰尘和异物

图 3-3　基层处理流程

3. 细部附加防水层施工

防水涂料在大面积施工前，应先在阴阳角、管根、地漏、排水口、设备基础根等部位施做附加层，并应夹铺胎体增强材料，附加层的宽度和厚度应符合设计要求。

（1）细部施工——管根

管根施工如图 3-4 所示。

第一步：管道根部用止水条/密封膏嵌填

第二步：填实、抹圆弧

第三步：材料配比搅拌

第四步：涂刷第一遍防水涂料，厚度不小于0.5mm

第五步：铺贴加强布

第六步：管道节点加强层施工完毕

图 3-4　管根施工

注意事项：

① 材料配比搅拌，应先将液料倒入搅拌桶中，在手提搅拌器的不断搅拌下将粉料慢慢加入，先搅拌 3min，静置 2min 后再搅拌 3min，彻底搅拌均匀，呈浆状且无团块、无颗粒，再加入适量清水搅拌均匀（按照产品说明进行配比加水）。

② 铺贴加强布时，应注意需在加强布上涂刷第二遍涂料，使防

水涂料充分浸透胎体层，不得有褶皱、翘边。

（2）细部施工——阴角

阴角施工如图 3-5 所示。

 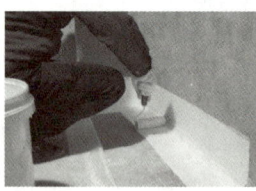 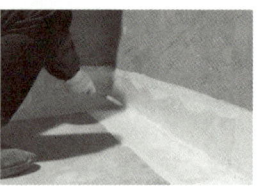

第一步：按照搭接要求对加强层进行裁剪　　第二步：在美纹纸胶带内涂刷第一遍防水涂料，厚度不得小于0.5mm　　第三步：把增强布平摊贴合在涂膜层上，不得有翘边、空鼓

 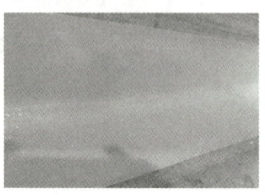

第四步：在表面涂刷一层不小于1mm厚的防水涂料　　第五步：待干燥成膜后即可进行下一道施工工序

图 3-5　阴角施工

（3）细部施工——阳角

阳角施工如图 3-6 所示。

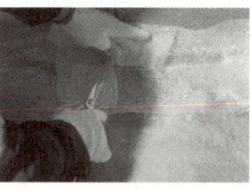 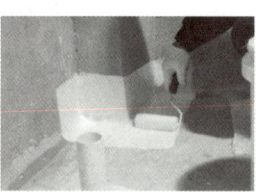 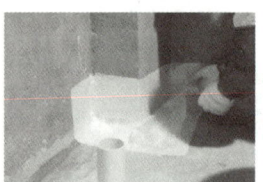

第一步：按照搭接要求对加强层进行裁剪　　第二步：在美纹纸胶带内涂刷第一遍防水涂料，厚度不得小于0.5mm　　第三步：把增强布平摊贴合在涂膜层上，不得有翘边、空鼓

第四步：在表面涂刷一层不小于1mm厚的防水涂料，涂刷完毕后及时撕除美纹纸　　第五步：待干燥成膜后即可进行下一道施工工序

图 3-6　阳角施工

（4）细部施工——地漏

地漏施工如图 3-7 所示。

第一步：按照搭接要求对加强层进行裁剪，附加层设计要求加强层深入地漏不小于50mm，平面不小于100mm

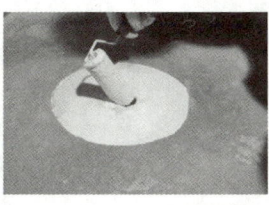

第二步：在设计要求范围内涂刷第一遍涂料，厚度不得小于0.5mm

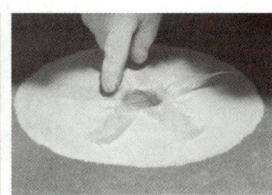

第三步：把伸入地漏的增强布平摊贴合在涂膜层上，不得有翘边、空鼓

第四步：使用滚筒把增强布进行压实

第五步：把平面增强布平摊贴合在涂膜层上，不得有翘边、空鼓

第六步：在表面涂刷一层不小于1mm厚的防水涂料

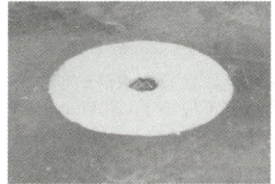

第七步：待干燥成膜后即可进行下一道施工工序

图 3-7　地漏施工

学中做

以小组形式，根据实际工程案例中细部施工各个部位进行案例讲解。

4. 大面滚涂施工

（1）附加层自检验收

附加层自检验收（图 3-8）需要检查涂膜防水层与基层是否粘结牢固，表面是否平整，涂刷是否均匀，有无流淌、褶皱、鼓泡、露胎体和翘边等缺陷。

图 3-8 附加层自检验收施工

（2）施工区域标记

施工区域标记详见图 3-9。

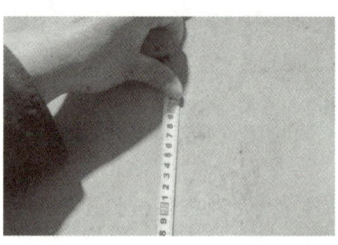

第一步：淋浴区墙面防水层翻起高度不应小于2000mm，且不低于淋浴喷淋口高度

第二步：盥洗池、盆等用水处墙面防水层翻起高度不应小于1200mm

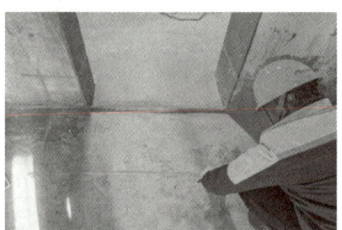

第三步：楼、地面的防水层在门口处应水平延展，且向外延展的长度不应小于500mm，向两侧延展的宽度不应小于200mm

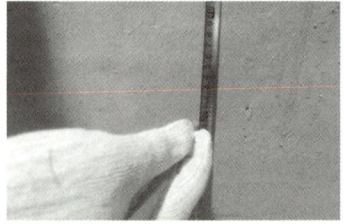

第四步：其他无配水点区域防水层高度不小于300mm

图 3-9 施工区域标记施工

（3）材料配比搅拌

材料配比搅拌（图 3-10），应先将液料倒入搅拌桶中，在手提搅拌器的不断搅拌下将粉料慢慢加入，先搅拌 3min，静置 2min 后再搅拌 3min，彻底搅拌均匀，呈浆状且无团块、无颗粒，再加入适量清水搅拌均匀（按照产品说明进行配比加水）。

图 3-10 材料配比搅拌

(4) 大面积第一遍涂刷

采用十字交叉法施工,每遍涂刷方向垂直进行。

施工要点:施工时宜先涂刷立面,后涂刷平面,1.5mm厚分三遍进行涂膜施工,每遍的涂膜厚度不宜过厚,过厚容易造成材料自身开裂,每遍涂膜干燥后方可进行下一遍涂膜。其施工如图 3-11 所示。

第一步:立面涂刷,采用横竖交替、十字交叉法涂刷

第二步:立面涂刷完成后先撕除标高美纹纸

第三步:地面涂刷,采用横竖交替、十字交叉法涂刷

第四步:第一遍涂刷完成,做好成品保护措施

图 3-11 大面积第一遍涂刷施工

(5) 大面积第二遍涂刷

大面积第二遍涂刷施工如图 3-12 所示。

第一步：现场用手多点触摸检查涂膜是否完全固化，检查涂膜是否存在开裂、起皮现象，无异常即可进行第二遍涂刷

第二步：与第一遍垂直交叉施工相同，先涂刷立面，后涂刷平面，涂刷完成不得有流挂、堆积、漏涂等现象，第二遍涂刷完成需等待干燥成膜后方可进行下一道工序

第三步：第二遍涂刷完成，做好成品保护措施

图 3-12　大面积第二遍涂刷施工

(6) 大面积第三遍涂刷

大面积第三遍涂刷施工如图 3-13 所示。

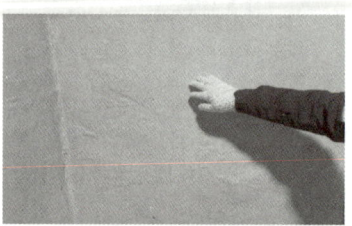
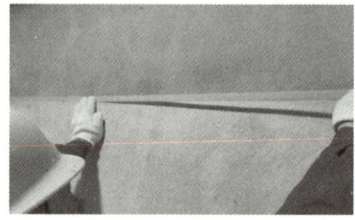

第一步：现场用手多点触摸检查涂膜是否完全固化，检查涂膜是否存在开裂、起皮现象，无异常即可第三遍涂刷

第二步：按照标高粘贴美纹纸，美纹纸粘贴要横平竖直，保持平整

第三步：与第二遍垂直交叉施工相同，先涂刷立面，后涂刷平面，涂刷完成不得有流挂、堆积、漏涂等现象，第三遍立面涂刷完成后，及时撕除美纹纸

第四步：涂膜施工三遍应达到设定要求厚度1.5mm，第三遍涂刷完成需等待干燥成膜方可进行蓄水验收

图 3-13　大面积第三遍涂刷施工

5. 检查验收

在防水涂膜施工完毕干燥后进行现场自检验收，验收遵循两项检查标准，如图 3-14 所示，其中检查标准二需用涂层测厚仪测量或现场涂膜切片取样（20mm×20mm），而后用卡尺测厚度是否满足标准。

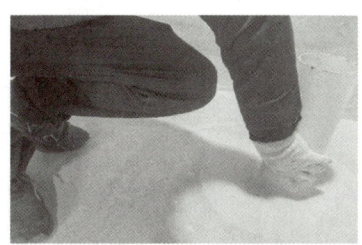

检查标准一：均匀平衡，无空鼓、裂缝、起泡等现象

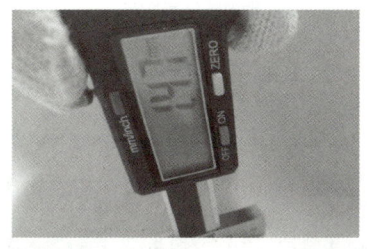

检查标准二：防水层的平均厚度应符合设计要求，最小厚度不应小于设计厚度的90%

图 3-14　检查验收

6. 蓄水试验

防水层验收合格 48h 后，应做 24h 蓄水试验（图 3-15），蓄水高度不应小于地面最高点 20mm，不漏不渗为合格。

图 3-15　蓄水试验

学中做

1. 大面滚涂分____遍涂刷。

2. 大面积第一遍涂刷应先涂刷_____面，后涂刷_____面，_____厚分三遍进行涂膜施工。

3.2 刮涂法施工工艺流程

刮涂法施工（常用于较为黏稠材料，如聚氨酯防水涂料）工艺流程：施工准备工作→基层处理→细部附加防水层施工→大面刮涂施工→检查验收→蓄水试验。

1. 施工准备工作

施工准备工作如图 3-16 所示。

第一步：准备好施工所用的材料和机具　　第二步：经过培训的专业施工人员需正确佩戴防护用品进场作业　　第三步：对施工人员进行安全、技术交底

图 3-16　施工前准备工作

2. 基层处理

基层应坚实、平整、干净、干燥、无灰尘、无油污，凹凸不平和有裂缝的基层应用防水堵漏宝补平，施工前应对基层检查和验收，符合要求后进行清理和清扫，必要时用吸尘器或高压吹尘机吹净。施工之前应先对混凝土基层进行检查，清扫和清理杂物（图 3-17）。满足涂膜刮涂要求后方可施工。

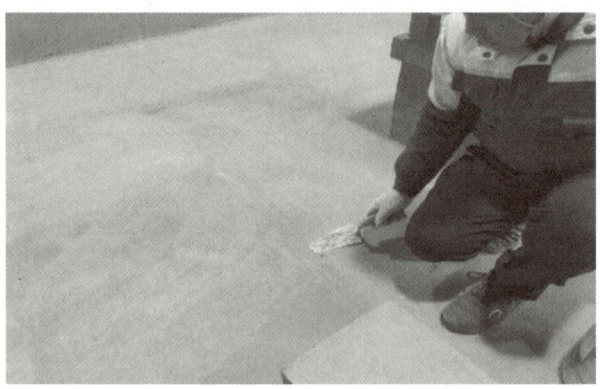

图 3-17　基层处理

3. 细部附加防水层施工

在管根、管道、阴阳角等易发生漏水的部位应进行增强处理（图 3-18）。在管根、管道周围凿开采用密封膏嵌填，然后再涂刷多遍单组分聚氨酯防水涂料（总厚度不小于 1mm），如需夹铺胎体增强材料（玻纤网格布或无纺布）时，一定要浸渍，涂刷宽度为 300mm（平立面各 150mm）。

图 3-18　细部附加防水层施工

4. 大面刮涂施工

大面刮涂施工如图 3-19 所示。

 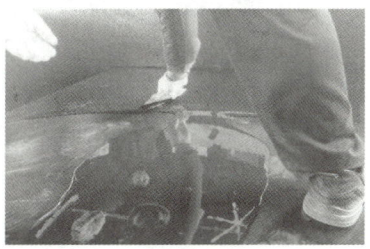

第一步：在附加层涂层干燥后，进行第一遍涂膜的施工，采用十字交叉法施工，每遍涂刷方向垂直进行。施工时宜先涂刷立面，后涂刷平面

第二步：后一遍涂刷的方向应与前一遍方向相互垂直，刮涂时要均匀，厚薄一致，分层分遍涂刷，每遍成膜厚度为0.7～0.8mm（每遍涂膜刮涂之后，应有充分时间固化，间隔时间不宜小于24h，具体检测方法以手摸不出现手指印为准）

图 3-19　大面刮涂施工

5. 检查验收

在防水涂膜施工完毕干燥后进行现场自检验收，按照图 3-20 所示两项检查标准进行检查验收，其中检查标准二需用涂层测厚仪测量或现场涂膜切片取样（20mm×20mm），而后用卡尺测厚度是否满足标准。

读书笔记

检查标准一：在防水涂膜施工完毕干燥后进行现场自检验收，防水层要均匀平衡，无空鼓、裂缝、起泡等现象

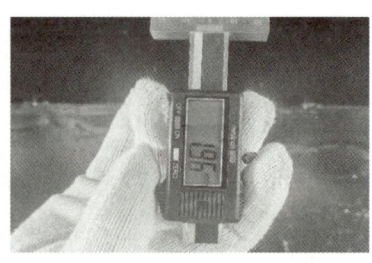
检查标准二：防水层的平均厚度应符合设计要求，最小厚度不应小于设计厚度的90%

图 3-20　检查验收

6. 蓄水试验

防水层验收合格 48h 后进行蓄水试验（图 3-21），蓄水高度不应小于地面最高点 20mm，蓄水时间不低于 24h，不漏不渗为合格。

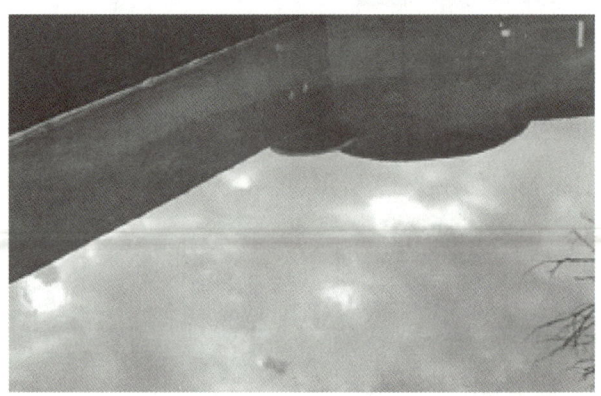

图 3-21　蓄水试验

3.3　机械喷涂法施工工艺流程

机械喷涂法施工工艺流程（按设备分类所有防水涂料都可喷涂）：施工准备工作→基层处理→细部附加防水层施工→大面喷涂施工→检查验收→蓄水试验。

1. 施工准备工作

施工准备工作如图 3-21 所示。

项目 3　防水涂料施工工艺流程

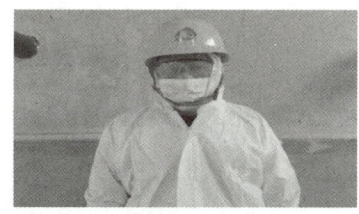 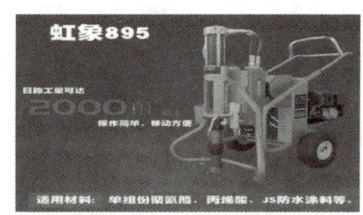

第一步：经过培训的专业施工人员需正确佩戴安全帽，穿戴工作服、防护服、防护口罩、防护眼镜、防护手套、劳保鞋等防护用品进场作业

第二步：按照所施工的材料进行设备和工具准备

图 3-21　施工准备工作

2. 基层处理、细部附加防水层施工

基层处理、细部附加防水层施工同上述大面滚涂施工要求。

3. 大面喷涂施工

大面喷涂施工见图 3-22。

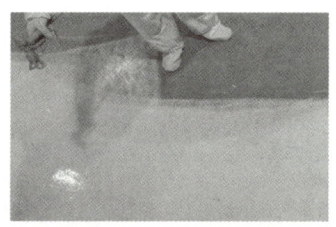 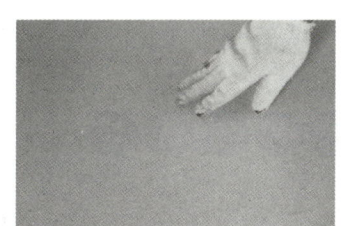

第一步：消除针孔，必须进行涂料喷涂打底。底层涂料是为了增加防水涂料与基层之间的粘结强度。喷涂作业要连续，注意及时向设备里面添加涂料。喷涂时喷枪方向与基层夹角不得小于45°，要求没有漏喷，没有堆积部位

第二步：在底层涂料干燥后喷涂第二遍中间层涂料、要求与第一遍喷涂方向垂直，涂层厚度可适当增厚，不得出现涂料堆积及流淌现象

第三步：在中间层涂料干燥后喷涂第三遍面层涂料，要求与上一遍喷涂方向垂直，喷涂均匀、表面平整、光洁，面层喷涂时必须分两次以上，每遍要求都垂直交叉喷涂

图 3-22　大面喷涂施工

4. 检查验收

在防水涂膜施工完毕干燥后进行现场自检验收，防水层要均匀

平衡，无空鼓、裂缝、起泡等现象。检验方法：用涂层测厚仪量测或现场涂膜切片取样（20mm×20mm）用卡尺测厚度（图3-23）。

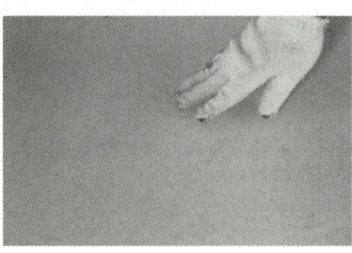
第一步：防水层表面均匀平衡，无空鼓、裂缝、起泡等现象

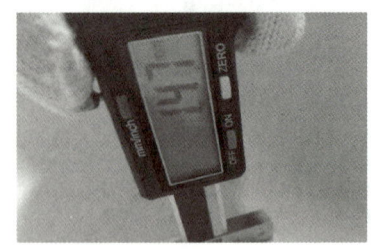
第二步：防水层的平均厚度应符合设计要求，最小厚度不应小于设计厚度的90%

图3-23　检查验收

5. 蓄水试验

防水层验收合格48h后进行蓄水试验或淋水试验，蓄水高度不应小于地面最高点20mm，蓄水时间不低于24h，淋水试验不低于2h，不漏不渗为合格。

1. 简述防水涂料施工工艺几种常见方法。
2. 简述滚涂法施工的工艺流程及注意事项。
3. 为什么要进行蓄水试验？有什么注意事项？

鲁班精神

鲁班（公元前507年—公元前444年），相传姓公输，名般，因为他是鲁国人，"般"与"班"同音，所以后人称他为鲁班。

鲁班之名之事千百年来一直被人们传颂，历代工匠尊称他为鲁班仙师、公输仙师、巧圣仙师、鲁班爷、鲁班公、鲁班圣祖、鲁班祖师等。

鲁班是我国家喻户晓的一位木工巨匠，是春秋战国时期的工匠代表和制造成就的象征。鲁班有很多发明创造，从日常生活用具斧头、刨子、锯等到打仗用的武器"钩强"、攻城用的云梯，再到古代飞行器"木鸢"。鲁班发明创造的故事，世代相传，光耀千古。

国家将"中国建设工程鲁班奖"作为中国建筑行业工程质量的最高奖，是对鲁班仙师最好的赞誉（图3-24）。

图3-24　鲁班及鲁班奖

浅谈施工现场"隐藏至深"的偷工减料行为。

项目 4　细部节点构造

 工程案例导读

千里之堤，溃于蚁穴。在建筑防水行业，也有一种较为普遍的说法：建筑工程近 90% 的渗漏水问题都出现在仅占整个建筑或结构表面面积不到 1% 的细部节点部位。在房屋渗漏维修过程中，不少业主深有体会，大面积出问题的情况并不多见，大多数渗漏都发生在细部节点上。因此，在住宅装修的过程中，需要特别关注细部节点处的防水处理。

防水细部节点即防水细部构造做法，这些细部节点的构造相对规则，但形状各异，有方形、角形、圆形、弧形等，深浅不一，如管井墩台、地漏口周边凹槽等，并且节点处通常是由两种及两种以上不同材质组成，比如铸铁管道和水泥地面、不锈钢地漏安装的 PVC 管道和混凝土地面相交处等，以上因素共同造成了细部节点的复杂性。另外，细部节点处的防水相对于大面来说更不稳定，它会伴随着时间、环境等外部因素的变化，从内而外慢慢发生改变，如相对规则的异形节点在楼体的沉降、振动中变得不规则，从而成为挑战防水材料性能的"排头兵"。若不加以节制，渗漏问题就会伴随而来（图 4-1、图 4-2）。

项目 4 细部节点构造

图 4-1 管根渗漏

图 4-2 厕浴间门口渗漏

知识目标

1. 了解防水细部构造的类型。
2. 理解细部构造的防水原理。
3. 掌握细部构造的防水措施。

能力目标

1. 了解建筑细部构造防水工程的性质、作用和重要性。
2. 能够对建筑细部构造进行施工。

思政目标

1. 培养精益求精的工匠精神。
2. 树立职业道德修养和思想认识。

思维导图

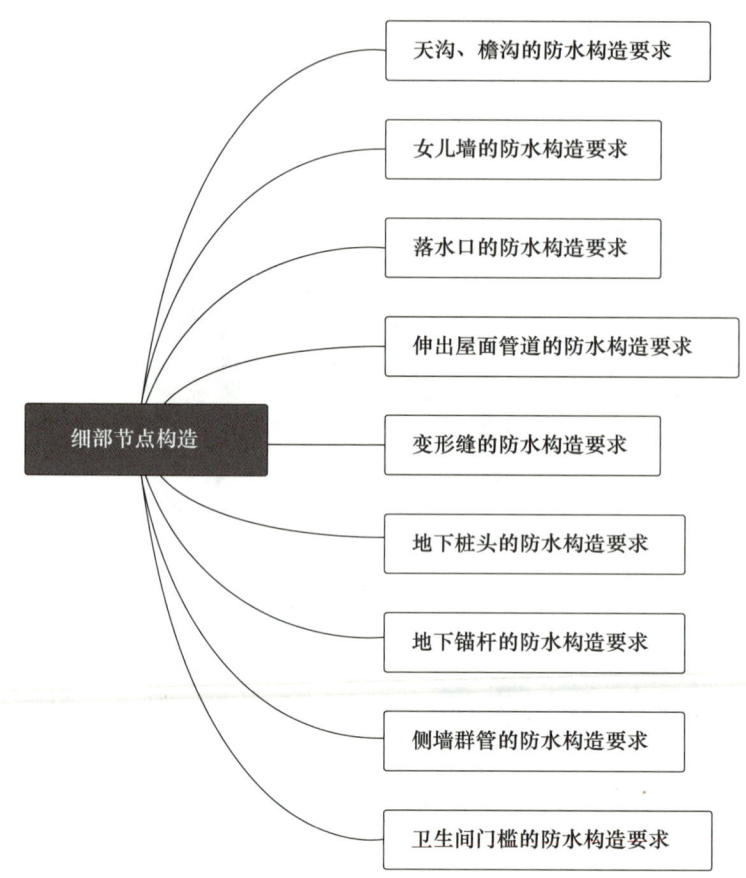

知识解读

4.1 天沟、檐沟的防水构造要求

天沟、檐沟的防水构造（图4-3）要符合下列要求。

（1）天沟和檐沟的防水层下应增设附加层，附加层伸入屋面的宽度不应小于250mm。

（2）檐沟防水层和附加层应由沟底翻上至外侧顶部，涂膜收头应用防水涂料多遍涂刷。

(3) 檐沟外侧下端应做鹰嘴或滴水槽。

(4) 檐沟外侧高于屋面结构板时，应设置溢水口。

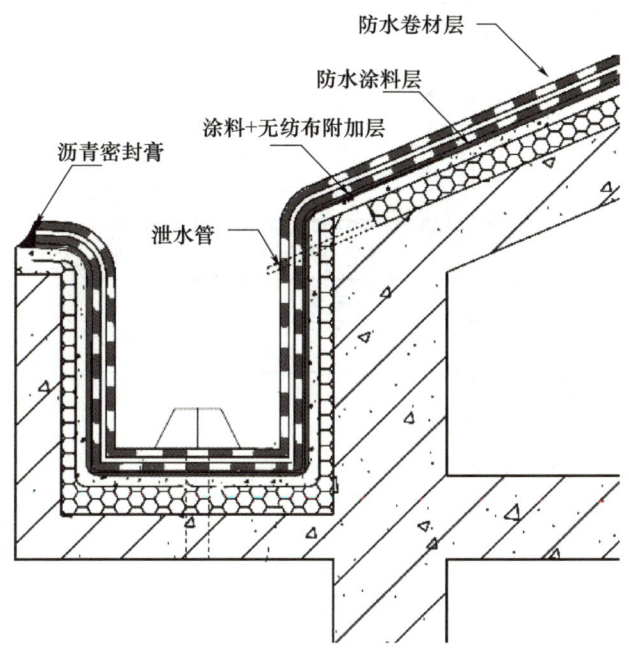

图 4-3 天沟、檐沟防水构造

学中做

1. 天沟和檐沟的防水层下附加层伸入屋面的宽度不应小于_____。

2. 檐沟外侧下端应做_____。

4.2 女儿墙的防水构造要求

女儿墙的防水构造（图 4-4）要符合下列要求。

(1) 女儿墙压顶可采用混凝土或金属制品。压顶向内排水坡度不应小于 5%，压顶内侧下端应作滴水处理。

(2) 女儿墙泛水处的防水层下应增设附加层，附加层在平面和立面的宽度均不应小于 250mm。

(3) 收头应用防水涂料多遍涂刷。

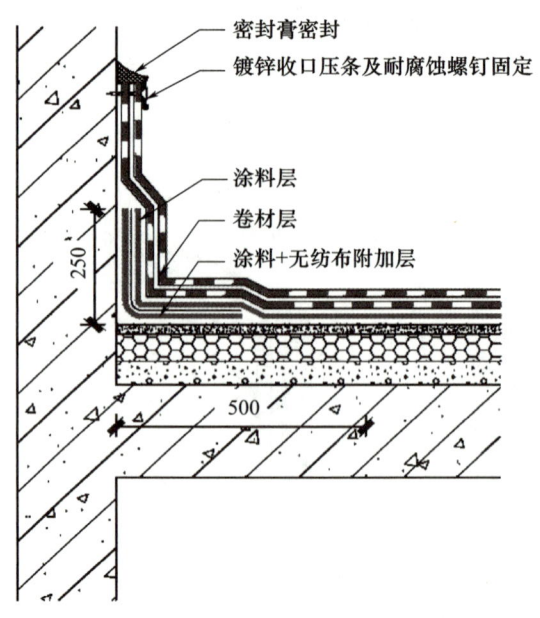

图 4-4　女儿墙防水施工

学中做

1. 压顶向内排水坡度不应小于_____。

2. 女儿墙泛水处的防水层下附加层在平面和立面的宽度均不应小于_____。

4.3　落水口的防水构造要求

落水口的防水构造（图 4-5）要符合下列要求。

（1）落水口可采用塑料或金属制品，落水口的金属配件均应作防锈处理。

（2）落水口杯应牢固地固定在承重结构上，其埋设标高应根据附加层的厚度及排水坡度加大的尺寸确定。

（3）落水口周围直径 500mm 范围内坡度不应小于 5%，防水层下应增设涂膜附加层。

（4）防水层和附加层伸入落水口杯内不应小于 50mm，并应粘结牢固。

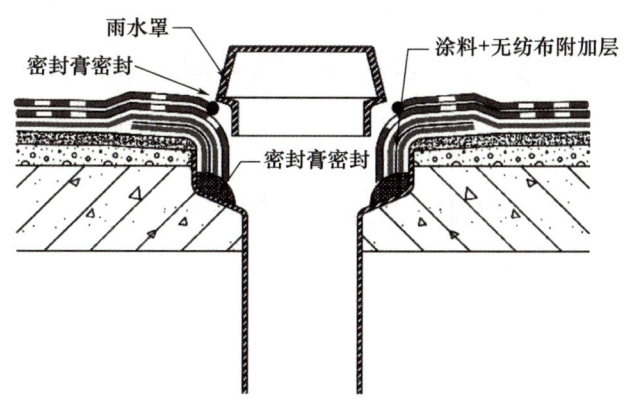

图 4-5 直式落水口防水做法

学中做

1. 落水口周围直径 500mm 范围内坡度不应小于_____。
2. 防水层和附加层伸入落水口杯内不应小于_____。

4.4 伸出屋面管道的防水构造要求

伸出屋面管道的防水构造（图 4-6）要符合下列要求。

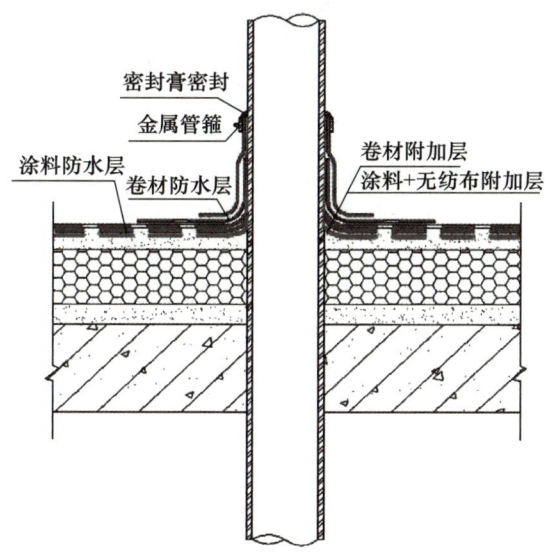

图 4-6 伸出屋面管道防水做法

(1) 管道周围的找平层应抹出高度不小于 30mm 的排水坡。

(2) 管道泛水处的防水层下应增设附加层，附加层在平面和立面的宽度均不应小于 250mm。

(3) 管道泛水处的防水层泛水高度不应小于 250mm。

(4) 卷材收头应用金属管箍紧固和密封材料封严，涂膜收头应用防水涂料多遍涂刷。

> **学中做**
> 1. 管道周围的找平层应抹出高度不小于_____的排水坡。
> 2. 管道泛水处的防水层泛水高度不应小于_____。

4.5 变形缝的防水构造要求

变形缝内应填充泡沫塑料，其上放衬垫材料，并用卷材封盖，顶部应加扣混凝土盖板或金属盖板。屋面变形缝防水构造做法如图 4-7 所示。

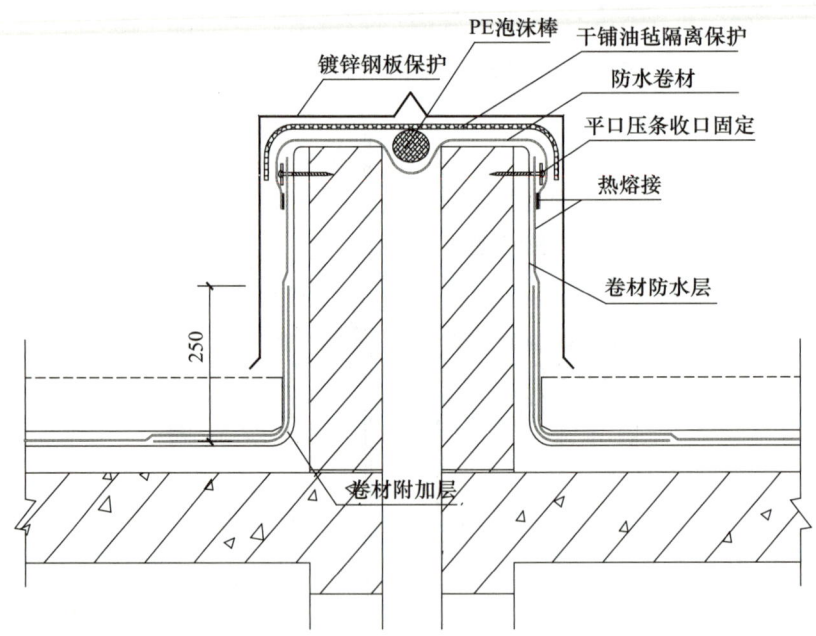

图 4-7 屋面变形缝防水构造

4.6 地下桩头的防水构造要求

地下桩头的防水构造（图4-8）要符合下列要求。

（1）用钢刷清理干净桩头附近的松散混凝土块和浮土。

（2）用水管或喷水设备将干净的清水充分润湿洁净的桩结构面，使得桩身湿透饱和。

（3）桩基涂刷水泥基渗透结晶型防水涂料。

要点：将粉料与水按照产品说明配比放入料筒中，用电动搅拌器充分搅拌均匀，对桩顶、桩侧及桩周围250mm范围，分次进行涂刷，不得少于2遍。水泥基渗透结晶型防水涂料涂刷后，必须用净水精心养护。当涂层处于半干状态时，应使用雾状水进行养护，以避免水的冲刷。养护期间，桩头表面应始终保持湿润状态，尤其是在夏季，天气炎热，应安排专人负责养护，连续养护72h后交付桩头验收。

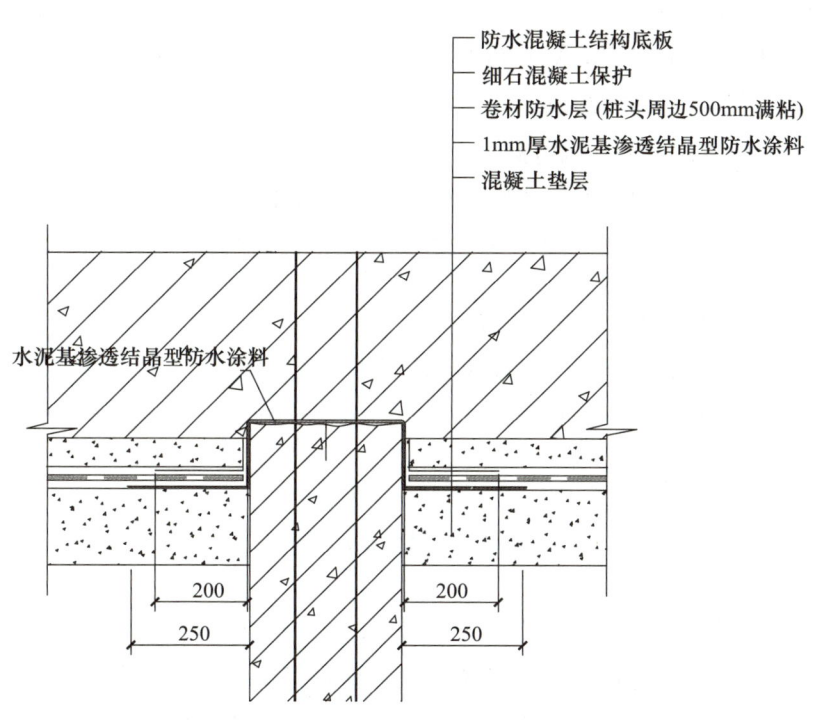

图4-8　地下桩头防水构造

在卷材防水收口之前先在桩头周围250mm范围涂刷改性沥青涂料0.5mm厚。大面积防水卷材热熔粘贴在卷材桩头周边的改性沥青涂料上，在桩周边的防水层表面 250mm 范围再涂刷改性沥青防水涂料 1mm 厚，将卷材末端封闭严实。

> **学中做**
> 1. 在夏季天气炎热，连续养护_____h 后交付桩头验收。
> 2. 在卷材防水收口之前先在桩头周围 250mm 范围涂刷改性沥青涂料_____mm 厚。

4.7　地下锚杆的防水构造要求

地下锚杆的防水构造要符合下列要求。

（1）用钢刷清理干净钢筋锚固周边的松散混凝土块和浮土。

（2）桩基涂刷水泥基渗透结晶型防水，施工要求参见前述地下桩头节点要求。

（3）钢筋锚固之间的间距较小，粘贴卷材困难，必须在钢筋之间嵌填改性沥青密封胶。

（4）改性沥青涂膜厚度为 1.5mm。

（5）钢筋锚固及周边防水层处理后，及时做保护层。

> **学中做**
> 1. 改性沥青涂膜厚度为_____。
> 2. 钢筋锚固及周边防水层处理后，及时做_____。

4.8　侧墙群管的防水构造要求

侧墙群管的防水构造（图 4-9）要符合下列要求。

（1）同一部位穿墙管线较多时，宜采用钢板止水管穿墙盒。穿墙盒的封口钢板应与结构钢筋焊接固定，并应从钢板上的预留浇筑孔注入柔性密封材料。

（2）在钢板区内涂刷沥青类涂料，涂料与卷材的搭接长度不小于 500mm。

(3) 卷材与涂料搭接的长度内,在涂刷之前应将卷材表面膜或颗粒清除干净。

(4) 涂料在立管的涂刷长度不小于 250mm。

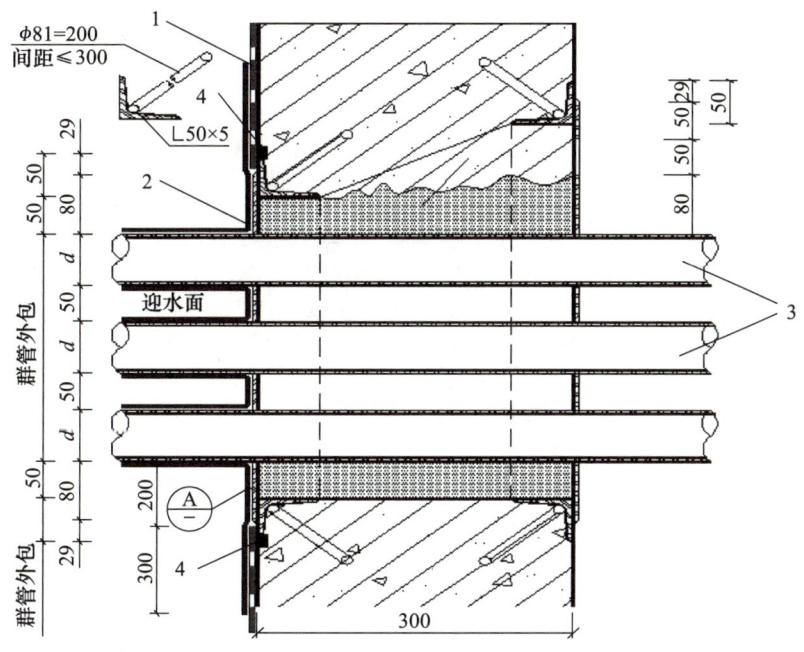

图 4-9 侧墙群管防水构造

1—防水卷材层;2—沥青类涂料层;3—穿墙管道;4—密封材料

学中做

1. 在钢板区内涂刷沥青类涂料,涂料与卷材的搭接长度不小于_____。

2. 涂料在立管的涂刷长度不小于_____。

4.9 卫生间门槛的防水构造要求

卫生间门槛的防水层在门口处应水平延展,且向外延展的长度不应小于 500mm,向两侧延展的宽度不应小于 200mm(图 4-10)。

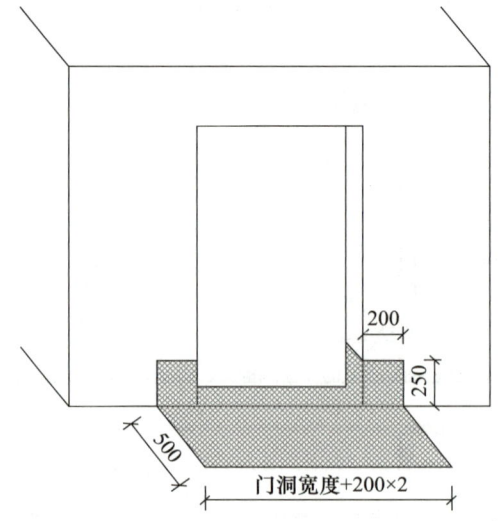

图 4-10 卫生间门槛防水层

学中做
画出卫生间门槛防水做法简图。

 思考与练习 >>>

1. 简述天沟、檐沟的防水构造要求。
2. 简述女儿墙、落水口的防水构造要求。
3. 简述地下桩头的防水构造要求。
4. 简述地下锚杆的防水构造要求。

思政阅读 >>>

詹天佑——中国铁路之父

被誉为"中国铁路之父"的詹天佑主持修建了我国第一条自主设计和建造的铁路——京张铁路。在国内一无资本、二无技术、三无人才的艰难局面下，詹天佑临危受命修建京张铁路。在南口至八达岭一段，地势险峻，难度极高，詹天佑采取南北两头同时向隧道中间点凿进的方法，但隧道实在太长，又同时采用竖井方法挖掘，中部开凿两个直井，分别可以向相反方向进行开凿，如此就有六个工作面同时进行。又由于山势陡峭，他运用"折反线"原理，修筑"人"字形路线降低爬坡度，并利用两头拉车交叉行进。为预防车厢出轨，他将自动挂钩加在每节车厢，使之结合成一个牢固整体，确保爬坡时的安全（图4-11）。

"中国土木工程詹天佑奖"（图4-12）于1999年设立，每年评选一次，每次评选获奖工程一般不超过30项，主要授予在科技创新（尤其是自主创新）和科技应用方面成绩显著的优秀土木工程建设项目。其主要目的是推动土木工程建设领域的科技创新活动，促进土木工程建设的科技进步，因此该奖又被称为建筑业的"科技创新工程奖"。

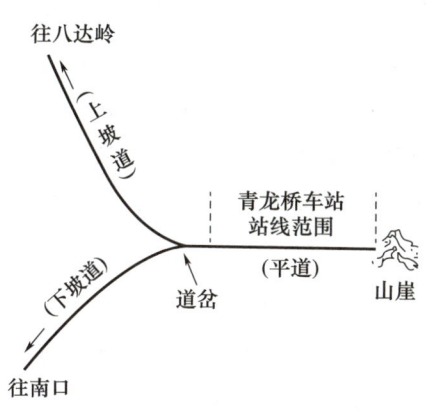

图4-11　京张铁路"人"字形铁路示意

图4-12　中国土木工程詹天佑奖

讲一讲你最喜欢的古建筑，并简要介绍其建筑故事。

项目 5　质量检验与验收

工程案例导读 >>>

　　防水工程的施工质量是影响我们生活质量和邻里关系的重要因素，因为防水施工一旦没有做好，不仅会使得整个房子的墙面、地面等地方出现漏水漏雨、发霉变黑的情况，让人心生厌烦，严重的还会渗漏到楼下，造成经济损失和邻里关系不和。所以，做好防水施工是至关重要的。但是，仅仅做好防水施工还不够，还需要做好防水过程的质量检查。

　　为什么要做防水过程的质量检查？因为在做防水施工的时候，会受到某些因素的影响，使得完成的防水层防水性能不够好，在实际施工中出现各种问题。影响防水工程施工（图 5-1、图 5-2）质量的因素很多，归纳起来主要有施工工艺和施工方法、施工人员、施工机具、施工环境以及防水材料这五个方面的问题。具体一点包括：防水材料的性能和质量；施工人员的技术水平、资格证明、质量意识、管理水平和配合程度；施工环境的温度、风力、雨雾霜雪露、水压；施工前的基层处理（含水量、厚度、坡度）；防水施工方法的复杂性、技术要求、施工顺序等。

项目 5　质量检验与验收

图 5-1　屋面防水质量检验与验收

图 5-2　地下室顶板质量检验与验收

知识目标

1. 了解防水工程质量检验与验收范围。
2. 熟悉防水工程验收流程。
3. 掌握防水工程验收规范。

能力目标

1. 能够熟悉防水工程各项验收规定。
2. 能够对建筑工程、市政工程等进行质量验收。

思政目标

1. 培养精益求精的工匠精神。
2. 树立职业道德修养和思想认识。

思维导图

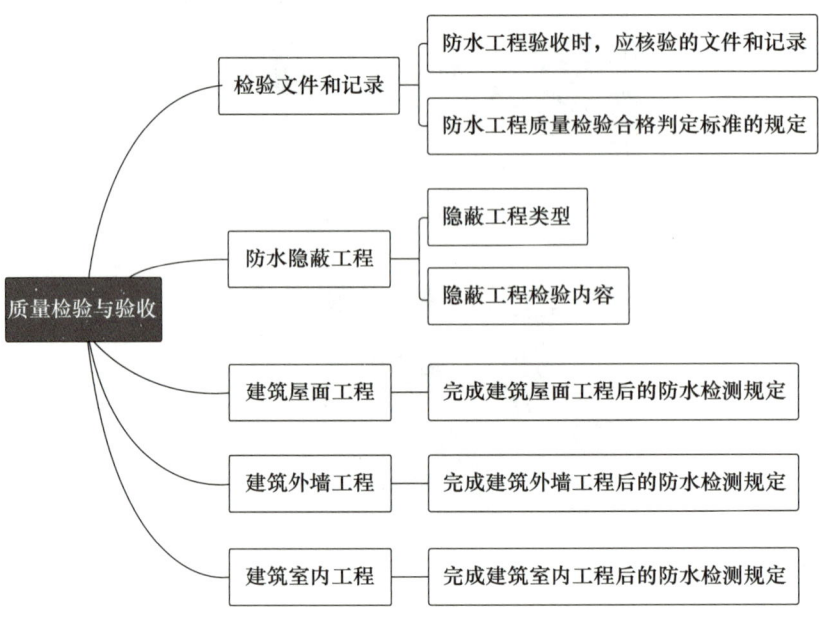

知识解读

5.1 检验文件和记录

1. 防水工程验收时，应核验下列文件和记录。

（1）设计施工图、图纸会审记录、设计变更文件。

（2）材料的产品合格证、质量检验报告（图5-3）、进场材料复验报告。

（3）施工方案（图5-4）。

（4）隐蔽工程验收单（图5-5）。

（5）工程质量检验记录（图5-6）、渗漏水处理记录。

（6）淋水、蓄水或水池满水试验记录。

（7）施工记录或施工日志（图5-7）。

（8）质量验收记录。

项目 5　质量检验与验收

图 5-3　质量检验报告

图 5-4　施工方案

防水涂料施工工艺图解

读书笔记

隐 蔽 工 程 验 收 单

工程名称：学生公寓防水修缮校企生工程实践教学改革创新项目

致 徐州工业职业技术学院后勤服务中心
　　徐州工业职业技术学院审计处

我方完成了以下隐蔽工程自检工作，现上报申请验收，以进行下步施工：

- ☑ 1. 瓷砖砸除
- ☐ 2. 基层清理、基层修补
- ☐ 3. 防水涂料
- ☐ 4. 砂浆保护层
- ☐ 5. 踢脚地面
- ☐ 6. 蹲便处沙土回填

施工单位（签章）：　　　　项目负责：刘文强

验收意见：
- ☑ 1、可以进行下道工序的施工
- ☐ 2、验收通过

工程管理部门（签章）：　　　　项目负责：

检查验收方量及意见：

工程管理部门：　　施工单位：　　验收日期：2023.8.20

图 5-5　隐蔽工程验收单

工序质量报验单

单位工程名称：学生公寓防水修缮校企生工程实践教学改革创新项目

致 徐州工业职业技术学院后勤服务中心
　　徐州工业职业技术学院审计处

兹报验：
- ☑ 1 蹲便器安装
- ☐ 2 瓷砖铺贴
- ☐ 3 地漏安装
- ☐ 瓷砖美缝
- ☐ 5 免砸砖涂刷

名　称：校企生工程实践教学改革创新项目
部　位：C10、C11、C12 宿舍卫生间、阳台

本次报验为第　次报验，本项目经理部将对报验内容严格自控，保证符合设计和规范要求，现上报方抽查质量自评/检查资料和验收记录表。

施工单位（章）：　　　　项目负责：刘文强

| 建设单位 | 徐州工业职业技术学院 | 施工单位 | 虹途控股（徐州）有限责任公司 |

验收抽查情况记录：
☑ 合格

验收意见：
☑ 同意进行下道工序

工程管理部门（章）：　　项目负责人：　　时间：2023.8.29

注：1、未经项目监督单位验收通过，施工单位不得进入下道工序施工。

图 5-6　质量报验记录

读书笔记

北京东方雨虹防水工程有限公司

施工日志

工程名称			项目经理		项目负责人	
天气状况/温度		风　力		是否满足施工要求		
现场材料情况	规格型号	单位	累计进场数量	当日消耗数量	现场剩余数量	是否看护
施工部位	底板	侧墙	顶板	屋面（平、坡）	厕卫间	其他
	具体部位或轴线范围					
施工内容	工艺要求			当日施工安全重点		
机械作业	设备名称	操作人员	操作规程	临时用电合规性	设备状态	设备维护
班组工作	施工队长	施工人数	完成数量			
标准化施工	安全帽	工作服	操作证	警戒线	司旗	安全袖标
	班前教育内容记录		班后总结内容记录		排队进场	排队出场
	当天施工难点		施工难点总结			
	当天技术要点		技术要点落实			
	当天危险源提示		安全小结			
	当天注意事项		注意事项小结			
安全、文明施工	安全带或安全绳	抽烟	脚手架检查	踏板牢固检查	临边防护	狭小空间通风
	喷灯使用前检查	消防设施配备	危险品存放	材料存放	侧墙喷灯放置	现场保卫
检查评定验收	施工人员自检	施工队自检	项目自检	项目经理抽检	总包单位检查	监理验收
施工质量	基层处理	底涂	规范阳角	规范阴角	细部节点	附加层
	铺贴方向	空鼓	搭接宽度	边缝出油	导墙预留及保护	穿墙管
	水漏	施工缝	后浇带	收头封口	涂膜厚度	蓄水试验
当日施工总结及其他						
记录人			日 期　年　月　日		星 期	

地址:北京市朝阳区高碑店北路康家园4号楼　邮编:100123　客服电话:400-779-1975　电话:+86-10-59031800

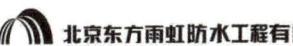

图 5-7　施工日志

2. 防水工程质量检验合格判定标准应符合表 5-1 的规定。

表 5-1　防水工程质量检验合格判定标准

工程类别		工程防水类别		
		甲类	乙类	丙类
建筑工程	地下工程	不应有渗水，结构背面无湿渍	不应有滴漏、线漏，结构背水面可有零星分布的湿渍	不应有线流、漏泥砂，结构背水面可有少量湿渍、流挂或滴漏
	屋面工程	不应有渗水，结构背面无湿渍	不应有渗水，结构背面无湿渍	不应有渗水，结构背面无湿渍

续表

工程类别		工程防水类别		
		甲类	乙类	丙类
建筑工程	外墙工程	不应有渗水,结构背面无湿渍	不应有渗水,结构背面无湿渍	—
	室内工程	不应有渗水,结构背面无湿渍	—	—
市政工程	地下工程	不应有渗水,结构背面无湿渍	不应有线漏,结构背水面可有零星分布的湿渍和流挂	不应有线流、漏泥砂,结构背水面可有少量湿渍、流挂或滴漏
	道桥工程	不应有渗水	不应有滴漏、线漏	—
	蓄水类工程	不应有渗水,结构背面无湿渍	不应有滴漏、线漏,结构背水面可有零星分布的湿渍	不应有线流、漏泥砂,结构背水面可有少量的湿渍、流挂或滴漏

> **学中做**
> 1. 防水工程验收时，应核验的文件和记录有哪些？
> 2. 简述建筑工程中地下工程的防水要求。

5.2 防水隐蔽工程

防水隐蔽工程应留存现场影像资料，形成隐蔽工程验收记录。防水隐蔽工程检验内容应符合表 5-2 的规定。

表 5-2 防水隐蔽工程检验内容

工程类型	隐蔽工程检验内容
明挖法地下工程	1. 防水层的基层 2. 防水层及附加防水层 3. 防水混凝土结构的施工缝、变形缝、后浇带、诱导缝等接缝防水构造 4. 防水混凝土结构的穿墙管、埋设件、预留通道接头、桩头格构柱、抗浮锚索（杆）等节点防水构造 5. 基坑的回填

续表

工程类型	隐蔽工程检验内容
暗挖法地下工程	1. 防水层的基层 2. 防水层及附加防水层 3. 二次衬砌结构的施工缝、变形缝等接缝防水构造 4. 二次衬砌结构的穿墙管、埋设件、预留通道接头等节点防水构造 5. 预埋注浆系统 6. 排水系统 7. 预制装配式衬砌接缝密封 8. 顶管、箱涵接头防水
建筑屋面工程	1. 防水层的基层 2. 防水层及附加防水层 3. 檐口、檐沟、天沟、水落口、泛水、天窗、变形缝、女儿墙压顶和出屋面设施等节点防水构造
建筑外墙工程	1. 防水层的基层 2. 防水层及附加防水层 3. 门窗洞口、雨篷、阳台、变形缝、穿墙管道、预埋件、分格缝及女儿墙压顶、预制构件接缝等节点防水构造
建筑室内工程	1. 防水层的基层 2. 防水层及附加防水层 3. 地漏、防水层铺设范围内的穿楼板或穿墙管道及预埋件等节点防水构造
道桥工程	1. 防水层的基层 2. 防水层、防水粘结层 3. 沥青混凝土、防水层、混凝土基层之间的粘结 4. 沥青混凝土、防水粘结层、防腐层、钢桥面板之间的粘结 5. 桥面结构缝、桥梁伸缩缝、排水口装置等节点的防水密封构造
蓄水类工程	1. 防水层的基层 2. 防水层及附加防水层 3. 混凝土结构水池的变形缝、施工缝、后浇带、穿墙管道、孔口等节点防水构造 4. 池壁、池顶的回填

5.3　建筑屋面工程

建筑屋面工程在屋面防水层和节点防水完成后，应进行雨后观察或淋水、蓄水试验，并应符合下列规定。

（1）采用雨后观察时，降雨应达到中雨量级标准。

（2）采用淋水试验时，持续淋水时间不应少于 2h。

（3）檐沟、天沟、雨水口等应进行蓄水试验，其最小蓄水高度不应小于 20mm，蓄水时间不应少于 24h。

> **学中做**
> 1. 采用淋水试验时，持续淋水时间不应少于_____。
> 2. 檐沟、天沟、雨水口等应进行蓄水试验，其最小蓄水高度不应小于_____，蓄水时间不应少于_____。

5.4　建筑外墙工程

建筑外墙工程墙面防水层和节点防水完成后应进行淋水试验，并应符合下列规定。

（1）持续淋水时间不应少于 30min。

（2）仅进行门窗等节点部位防水的建筑外墙，可只对门窗等节点进行淋水试验。

5.5　建筑室内工程

建筑室内工程在防水层完成后，应进行淋水、蓄水试验，并应符合下列规定。

（1）楼、地面最小蓄水高度不应小于 20mm，蓄水时间不应少于 24h。

（2）有防水要求的墙面应进行淋水试验，淋水时间不应小于 30min。

（3）独立水容器应进行满池蓄水试验，蓄水时间不应少于 24h。

（4）室内工程厕浴间楼地面防水层和饰面层完成后，均应进行蓄水试验。

学中做

1. 建筑外墙工程，持续淋水时间不应少于_____。
2. 楼、地面最小蓄水高度不应小于_____，蓄水时间不应少于_____。
3. 有防水要求的墙面应进行淋水试验，淋水时间不应小于_____。
4. 独立水容器应进行满池蓄水试验，蓄水时间不应少于_____。

1. 防水工程验收时，应核验的文件和记录有哪些？
2. 简述防水隐蔽工程应满足的防水规定。
3. 简述建筑屋面工程应满足的防水规定。
4. 简述建筑室内工程应满足的防水规定。

李春——世界建筑史上第一位桥梁专家

隋朝著名的石匠李春在建造"赵州桥"（也称安济桥，如图5-8所示）时做了充分的准备。他首先对洨（xiáo）河流域进行实地调查，用了半个多月的时间经过长途跋涉找到了洨河的源头，沿途考察了洨河的河床，掌握了洨河各方面的特点，通过访问一些石匠，吸取他们以前建桥失败的教训。他结合了解到的所有情况，对这座桥的造法进行了精心设计，大胆地提出了"空撞券桥"的设想（建筑半圆的桥洞、门洞叫"券"，券的两肩叫"撞"），在券的两肩上造两个小券，这些券都制成小于半圆的弧。这样做的好处是：在洪水季节，河里水位猛涨，流量很大，一部分水可以从小券通过，减轻对桥体的冲击，保证石桥的安全。其优点除增强桥的坚固性外，还可以节省石料，减轻桥的重量，使桥外观轻巧、对称。这样的设计充分表现出李春非凡的智慧和卓越的创造才能。正式动工时，李春组织了大批年轻力壮的石匠凿石，在每块拱石的两侧都凿出有规则的斜纹，使拱石拼砌后紧密牢固，李春还请来铁匠，锻造一些"腰铁"和"铁拉杆"，把各个券的石块连接得更加结实。

赵州桥让世界为之惊叹，它是我国古代劳动人民智慧和工匠精神的结晶。直到现在，人们都还在广为传颂。

图 5-8　李春和赵州桥

思政园地 ▶▶▶

讲一讲生活中不符合防水规定的构筑物，分别不符合哪些规定？

项目 6　质量缺陷与防治

建筑防水工程是建筑工程中的一个重要组成部分,是保证建筑物和构筑物不受水浸蚀。内部空间不受危害的分项工程和专门措施。但建筑物渗漏问题是建筑物较为突出的质量通病,也是用户反映最为强烈的问题。许多住户在使用时发现屋面漏水、墙壁渗漏、粉刷层脱落等问题,日复一日,房顶、内墙面逐渐出现墙面大片剥落(图 6-1、图 6-2),室内因长期渗漏潮湿而发霉变味,直接影响住户的身体健康。办公室、机房、车间等工作场所长期的渗漏会严重损坏办公设施,导致精密仪器、机床设备锈蚀、生长霉斑而失灵,甚至引起电器短路而发生火灾。

面对渗漏现象,人们每隔数年都要花费大量的资金和劳力来进行返修。渗漏不仅扰乱了人们的正常生活、工作生产秩序,而且直接影响到整幢建筑物的使用寿命。由此可见防水效果的好坏,对建筑物的质量至关重要,所以说防水工程在建筑工程中占有十分重要的地位。在整个建筑工程施工中,必须严格、认真地做好建筑防水工程。

读书笔记

图 6-1　外墙渗漏

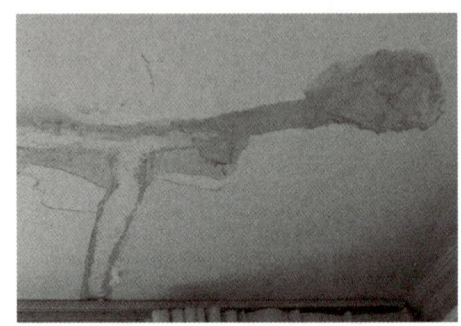

图 6-2　房屋屋顶渗漏

知识目标

1. 了解渗漏的危害。
2. 掌握发生渗漏的原因。
3. 掌握渗漏的防治方法。

能力目标

1. 能够准确分析建筑结构发生渗漏的原因。
2. 能够对建筑进行渗漏防治施工。

思政目标

1. 培养居安思危的忧患意识。
2. 树立防范于未然的安全意识。

思维导图

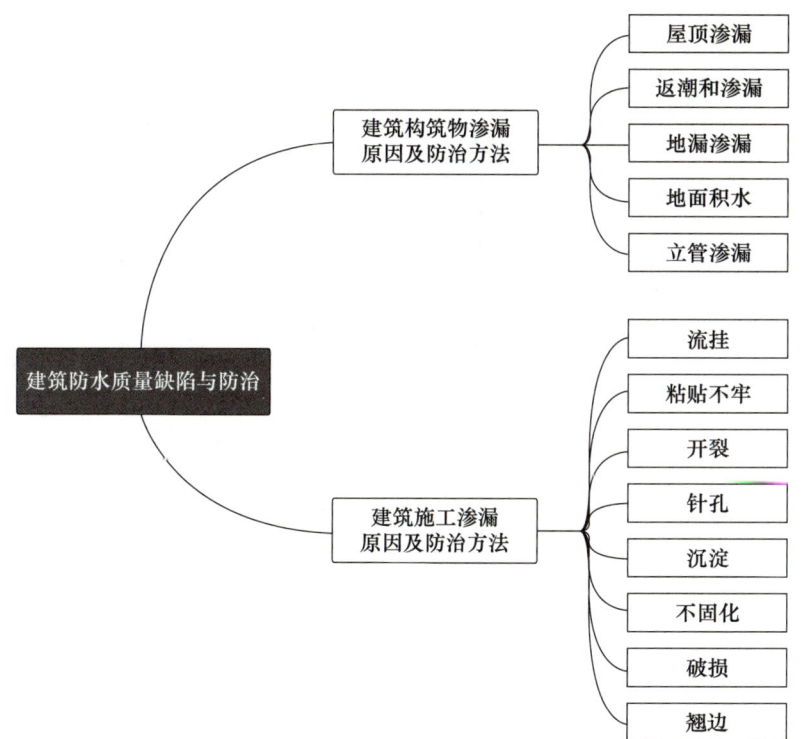

知识解读 >>>

6.1 建（构）筑物渗漏原因及防治方法

6.1.1 屋顶渗漏

1. 渗漏现象

屋顶渗漏（图6-3）是指下雨时或下雨后，屋顶出现水渍或有水滴落。

2. 主要原因

（1）屋面积水，排水系统不畅。

（2）设计涂层厚度不足。

（3）屋面基层结构变形较大，地基不均匀沉降引起防水层

图 6-3 屋顶渗漏

开裂。

(4) 节点构造部位封固不严，有开缝、翘边现象。

(5) 施工涂膜厚度不足，有露胎体、皱皮等情况。

(6) 防水涂料固含量不足，有关物理性能达不到质量要求。

3. 防治方法

(1) 屋面应有合理排水措施，所有檐口、檐沟、天沟、水落口等应有一定排水坡度，并切实做到封口严密，排水通畅。

(2) 应按屋面防水规范中防水等级选择涂料品种、防水厚度以及相适应的屋面构造与涂层结构。

(3) 除提高屋面结构整体刚度外，在保温层上必须设置细石混凝土刚性找平层，并宜与卷材防水层复合使用，形成多道防线。

(4) 施工中应坚持涂嵌结合，并在操作中务必使基面清洁、干燥，涂刷仔细，密封严实，防止脱落。

(5) 在防水层施工前必须抽样检查，复验合格后才可施工。

(6) 防水涂料应分层、分次涂布，胎体增强材料铺设时不宜拉伸过紧，但也不得过松，能使上下涂层粘结牢固为宜。

学中做

观察表 6-1 中的图片，分析图片中的渗漏原因，并提出防治方法。

表 6-1 观察屋顶渗漏图

现象	原因分析	防治方法

6.1.2 返潮和渗漏

1. 渗漏现象

返潮通常出现在卫生间墙体背面，墙皮出现发霉、起鼓、脱落等现象，如图 6-4、图 6-5 所示。

图 6-4　墙身返潮

图 6-5　地面渗漏

2. 原因分析

（1）墙面防水层设计高度偏低，地面与墙面转角处成直角状。

（2）地漏、墙角、管道、门口等处结合不严密，造成渗漏。

（3）砌筑墙面的黏土砖含碱性和酸性物质。

（4）墙下未做混凝土翻边，或翻边高度小于 200mm。

3. 防治方法

（1）墙面上设有盥洗器具时，其防水高度一般为 1200mm；淋浴处墙面防水高度应大于 2000mm。

（2）墙体根部与地面的转角处，其找平层应做成钝角，预留洞口、孔洞、埋设的预埋件位置必须准确、可靠，地漏、洞口、预埋件周边必须设有防渗漏的附加防水层措施。

（3）防水层施工时，应保持基层干净、干燥，确保涂膜防水层与基层粘结牢固。

（4）进场黏土砖应进行抽样检查，如发现有类似问题时，其墙面宜增加防潮措施。

学中做

观察表6-2中的图片，分析图片中的渗漏原因，并提出防治方法。

表6-2　观察返潮渗漏图

现象	原因分析	防治方法

6.1.3 地漏渗漏

1. 渗漏现象

地漏渗漏（图6-6）常见于下层楼卫生间的天花板管道与楼板连接处，存在滴水、渗水的现象。

2. 原因分析

承口杯与基体及排水管接口结合不严密，防水处理过于简陋，密封不严。

3. 防治方法

（1）安装地漏时，应严格控制标高，宁可稍低于地面，也绝不可超高。

（2）要以地漏为中心，向四周辐射找好坡度，坡向准确，确保地面排水迅速、通畅。

图 6-6　地漏渗漏

（3）安装地漏时，先将承口杯牢固地粘结在承重结构上，再将没涂好防水涂料的胎体增强材料铺贴于承口杯内，随后仔细地涂刷一遍防水涂料，然后压紧插口，最后在其四周再满涂防水涂料 1～2 遍。待涂膜干燥后，把漏勺放入承口杯内。

（4）管口连接固定前，应先进行测量，复核地漏标高及位置正确后，方可对口连接、密封固定。

学中做

观察表 6-3 中的图片，分析图片中的渗漏原因，并提出防治方法。

表 6-3　观察地漏渗漏图

现象	原因分析	防治方法

6.1.4　地面积水

1. 渗漏现象

地面积水（图 6-7）常见于卫生间用水后，在墙角或平面产生积水而无法自流排出的现象。

2. 原因分析

地面的表层不平、坡度不顺、排水不通畅、地漏偏高等。

3. 防治方法

（1）地面坡度要求距排水点最远距离处控制在 2%，且不大于 30mm，坡向准确。

图 6-7　地面积水

（2）严格控制地漏标高，应低于地面表面 5mm。

（3）厕浴间地面应比走廊及其他室内地面低 20～30mm。

（4）地漏处的汇水口应呈喇叭口形，集水汇水性好，确保排水（或液体）通畅。严禁面有倒坡和积水现象。

（5）墙下应做混凝土翻边且高度不小于 20mm。混凝土强度等级不低于 C20。

学中做

观察表 6-4 中的图片，分析图片中的渗漏原因，并提出防治方法。

表 6-4　观察地面积水图

现象	原因分析	防治方法

6.1.5 立管渗漏

1. 渗漏现象

立管渗漏（图 6-8）常见于管道与楼板连接处，有滴水、渗水的现象。

2. 原因分析

（1）穿楼板的立管和套管未设止水环。

（2）立管或套管的周边采用普通水泥砂浆堵孔，套管与立管之间的环隙未填塞防水密封材料。

（3）套管和地面相平，导致立管四周渗漏。

图 6-8 立管渗漏

3. 防治方法

（1）穿楼板的立管应按规定预埋套管，并在套管的埋深处设置止水环。

（2）套管、立管的周边应用微膨胀细石混凝土堵塞严密；套管和立管的环隙应用密封材料填塞严密。

（3）套管高度应比装饰地面高出 20mm；套管周边应做同高度的细石混凝土防水护墩。

> **学中做**
>
> 观察表 6-5 中的图片，分析图片中的渗漏原因，并提出防治方法。

表 6-5 观察立管渗漏图

现象	原因分析	防治方法

6.2 建筑施工渗漏原因及防治方法

6.2.1 流挂

1. 渗漏现象

流挂（图 6-9）是指涂料施工以后涂膜表面留有涂料流淌痕迹或断纹的现象，常见于 JS 防水涂料立面施工。

2. 原因分析

防水一次性涂刷过厚或涂刷区域过度集中。

图 6-9 流挂

3. 防治方法

在立面施工时推荐三遍达到 1.5mm。施工时，辊筒的移动方向不能在同一条直线，应适当摊薄，竖向涂刷之后可再次横向涂刷，即可避免大多数的流挂问题。

学中做

观察表 6-6 中图片，分析图片中的渗漏原因，并提出防治方法。

表 6-6 观察流挂图

现象	原因分析	防治方法

6.2.2 粘结不牢

1. 渗漏现象

粘结不牢（图 6-10）是指涂料施工完成并成膜后出现起鼓、翘边现象。

2. 主要原因

（1）基层表面不平整、不清洁，有起皮、起灰现象。

（2）施工时基层过分潮湿。

（3）涂料变质或超过保管期限。

（4）涂料成膜厚度不足。

（5）防水涂料施工时突遇下雨。

（6）突击施工，工序之间无必要的间歇时间。

图 6-10 粘结不牢

3. 防治方法

(1) 防水层施工前,应及时清扫基层表面,并洗刷干净;由于基层不平整造成积水时,宜用涂料拌和水泥砂浆进行修补;凡有起皮、起灰等缺陷时,应及时用钢丝刷清除并修补。

(2) 应通过简易试验确定基层是否干燥,并选择晴朗天气进行施工;可选择界面处理剂、基层处理剂等方法改善涂料与基层的粘结性能。

(3) 不能使用变质涂料,避免底层涂料未实干时就进行后续涂层施工,导致底层中水分或溶剂不能及时挥发。

(4) 应按设计厚度和规定的材料用量分层、分遍涂刷。

(5) 掌握天气情况,并备置防雨设施。

(6) 根据涂层厚度与当时气候条件,由试验确定合理的工序间歇时间。

学中做

观察表 6-7 中的图片,分析图片中的渗漏原因,并提出防治方法。

表 6-7 观察粘结不牢图

现象	原因分析	防治方法

6.2.3 开裂

1. 渗漏现象

开裂(图 6-11)是指涂料施工以后平面出现裂纹,类型主要为龟裂、细长条或三角口,阴角出现的裂纹通常为细长的直线,并大范围地出现。裂纹主要出现在 JS 防水涂料施工中。

2. 原因分析

（1）阴角没有做圆弧处理，导致阴角部位材料厚度较大、干燥不均匀，出现收缩开裂。

（2）基面有明水后直接施工，出现龟裂现象。

（3）基层疏松或浮土较多，与基层粘不住，涂料固化过程中出现收缩开裂。

图 6-11　开裂

3. 防治方法

在施工前，彻底清扫基层至干净，如果有疏松的部位，需用砂浆或堵漏王产品修复。在彻底润湿基面后，保持潮湿无明水状态，最好进行打底处理，可以避免起泡、针孔、开裂等问题。阴角部位在施工之前需抹直径＞5cm 的圆弧，并注意在阴角部位薄涂。

学中做

观察表 6-8 中的图片，分析图片中的渗漏原因，并提出防治方法。

表 6-8　观察开裂图

现象	原因分析	防治方法

6.2.4 针孔

1. 渗漏现象

针孔（图 6-12）是指材料施工以后出现很多密密麻麻的小孔，局部会出现起鼓的情况。常见于使用 JS 防水涂料和单双组分防水砂浆以及渗透结晶型防水涂料中，甚至可延伸至所有的涂料。

2. 原因分析

混凝土或基层在吸水时，水在进入混凝土或基层内部后，如果基层含气量较高，水会将基层内的空气顶出，形成气泡。此时如果涂料或砂浆涂覆在基层上，气泡破开则变成针孔缺陷；气泡不能破开，则造成起鼓问题。

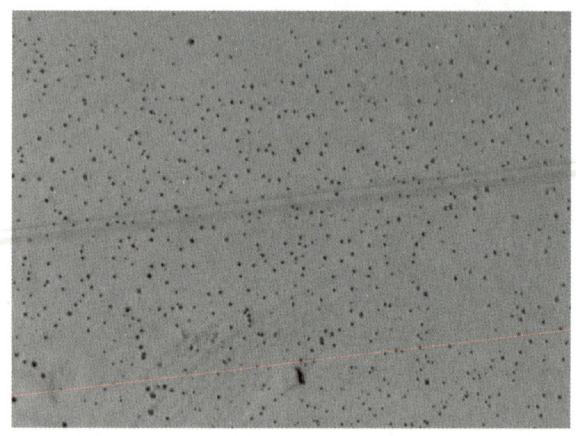

图 6-12 针孔

3. 防治方法

（1）在施工前，彻底润湿基层至饱和状态。

（2）对于 JS、丙烯酸等涂料来说，可预先将材料调稀打底，封闭基层的小孔。

（3）对于砂浆相关产品来说，润湿基层至饱和是最实用的方案。

（4）此外，无论是涂料还是砂浆类产品，均可通过涂刷基层处理剂的方式来解决此类问题。

学中做

观察表 6-9 中的图片,分析图片中的渗漏原因,并提出防治方法。

表 6-9　观察针孔图

现象	原因分析	防治方法

6.2.5　沉淀

1. 渗漏现象

沉淀(图 6-13)是指防水材料用完以后,桶底部明显堆积防水材料的现象。

2. 原因分析

沉淀的发生通常为配比错误导致。例如加水量过多,超过了乳液的承载极限,破坏了材料正常的稳定性;或者加料后没有搅拌均匀。

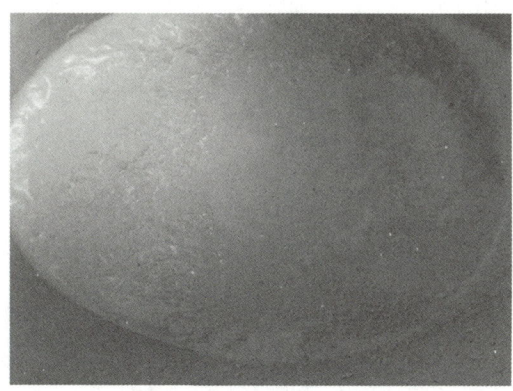

图 6-13　沉淀

3. 防治方法

严格按照要求配料和搅拌。

学中做

观察表 6-10 图片，分析图片中的渗漏原因，并提出防治方法。

表 6-10　观察沉淀图

现象	原因分析	防治方法

6.2.6　不固化

1. 渗漏现象

不固化（图 6-14）是指材料施工以后长时间不固化，或者虽然材料表面干燥，但是在闭水试验时整个涂层发生起皱、起鼓等现象。

2. 原因分析

由于施工空间密闭、空气湿度较大，且空气不流通，就会出现长时间不能完全固化的现象。

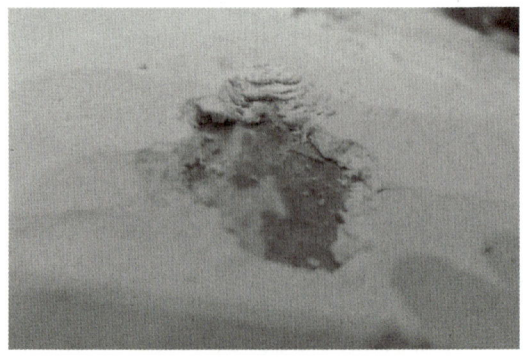

图 6-14　不固化

3. 防治方法

在密闭空间或湿度较大时，应避免施工，或采取加速空气流通、提高环境温度等方式来促进涂层固化。如果是由于材料没有固化导致闭水试验出现起皱、起鼓等问题，则需将整个防水层全部铲掉，重新进行施工。

学中做

观察表 6-11 图片，分析图片中的渗漏原因，并提出防治方法。

表 6-11　观察图片

现象	原因分析	防治方法

6.2.7　破损

1. 渗漏现象

破损（图 6-15）是指施工完成以后，涂层出现残破，使其失去效能。

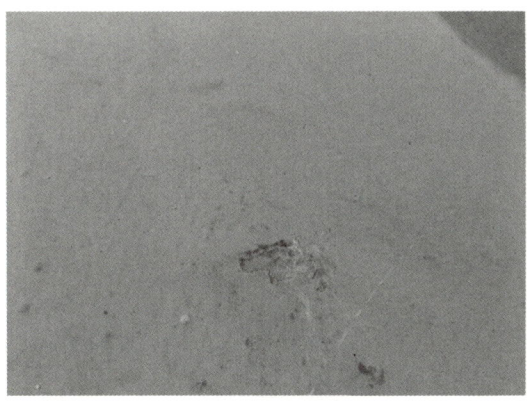

图 6-15　破损

2. 原因分析

破损主要是由于涂层后期成品保护不力而造成的。

3. 防治方法

轻度损伤，可直接增强涂膜处理；损坏较大处，割除损坏部分，清理基层，按顺序、分层增强涂膜，使防水达到设计要求。

> **学中做**
>
> 观察表 6-12 图片，分析图片中的渗漏原因，并提出防治方法。
>
> 表 6-12 观察破损图
>
> | 现象 | 原因分析 | 防治方法 |
> | --- | --- | --- |
> | | | |

6.2.8 翘边

1. 渗漏现象

翘边（图 6-16）是指施工完成后，防水涂层边角变形产生不规则弯曲的现象。

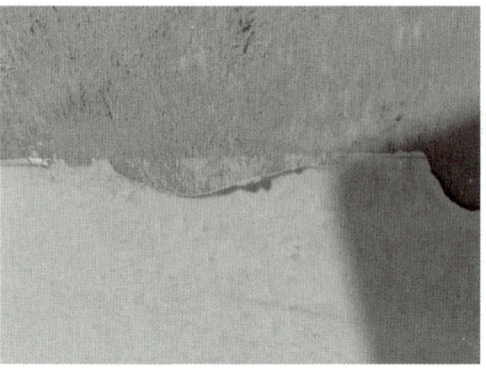

图 6-16 翘边

2. 原因分析

翘边是由于基层未处理好、涂层涂料粘结力不强、收头操作不正确而造成的。

3. 防治方法

轻微的翘边，可直接增强处理；严重翘边，必须剥离翘边部分，并割除、打毛基层，选择粘结力强的底涂刮涂基层，分层涂膜封边。

学中做

观察表 6-13 中的图片，分析图片中的渗漏原因，并提出防治方法。

表 6-13 观察翘边图

现象	原因分析	防治方法

思考与练习

1. 请列举几个建筑构筑物渗漏现象以及防治方法。
2. 请列举几个建筑施工渗漏现象以及防治方法。
3. 什么是流挂现象？如何防治？
4. 在防水施工中若出现针孔现象，该如何防治？

思政阅读

王叔远：明代微雕大师

明代著名微雕家王叔远著名微雕作品——明朝桃核舟。他能用直径仅一寸的木头雕刻房屋、器皿、人物以及鸟兽、树木、山石，

读书笔记

无不依照事物原来的纹样，模拟那些东西的形状，刻得各具情态，惟妙惟肖（图 6-17）。大家对王叔远精湛的雕刻技术叹为观止。

据说，王叔远小时候就喜欢拿着小刀在树木山石上雕刻东西，还时常跑到村北的森林里，一去就是一整天。那儿是他的天堂，他细心地观察各种鸟兽，把它们刻在树干上、石头上，他刀下的鸟兽栩栩如生，形态各异。正是凭借他对雕刻的喜爱，以及自幼钻研的精神，逐步提高技艺，终成一代大师。

图 6-17 明代著名微雕家王叔远的雕刻作品

浅谈建筑物出现渗漏现象对日常生活的影响。

项目 7　施工安全保障

2021年2月19日，江苏省某村民房发生了火灾。当天，两名工人在该民房二楼彩钢板楼顶做防水，在此过程中，需要使用加热的防水材料，由于不知道彩钢板下面是柴火，工人点火后不小心把柴火烧着了，二人也被困在二楼楼顶。消防员赶到现场后，迅速扑灭大火，所幸无人员伤亡。

2021年2月24日，安徽省某镇居民在自家楼层进行防水施工时不慎引发火情。当日下午3时40分，派出所接到群众报警称，一居民房顶着火。民警到达现场后，发现失火房顶浓烟滚滚，因农村道路巷道狭窄，着火点离主路较远，消防车无法救援。救援人员使用水桶、脸盆接水进行灭火，最终成功将大火扑灭。经了解，居民田某某因自家房顶漏水，自行在三楼房顶做防水，因操作不当引发了火灾，所幸并未造成人员伤亡。

知识目标

1. 了解防水安全施工的内容。
2. 掌握发生防水施工安全事故的原因。
3. 掌握安全施工标志。

读书笔记

能力目标

1. 能够掌握防火须知与施工用电须知。
2. 能够进行防水安全施工。

思政目标

1. 普及安全文明施工知识。
2. 树立安全第一，预防为主的思想。

思维导图

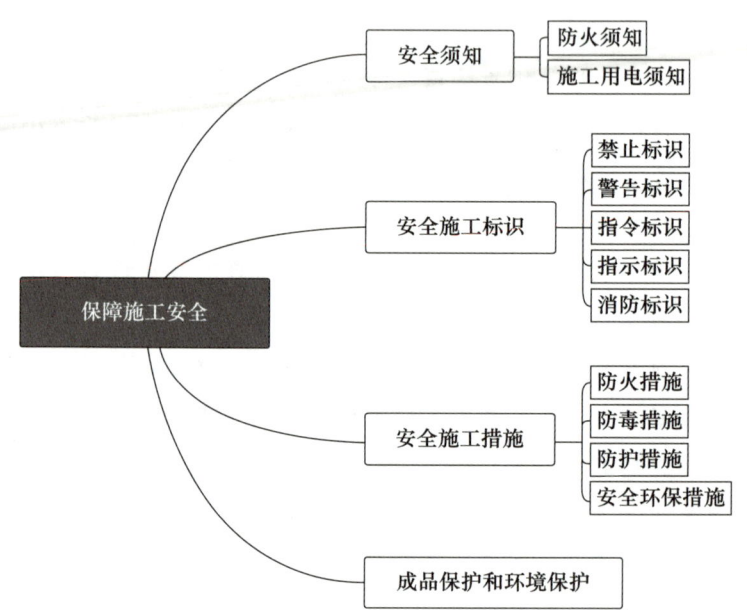

知识解读

生命重于泰山。各级党委和政府务必把安全生产摆到重要位置，树牢安全发展理念，绝不能只重发展不顾安全，更不能将其视作无关痛痒的事，搞形式主义、官僚主义。要针对安全生产事故主要特点和突出问题，层层压实责任，狠抓整改落实，强化风险防控，从根本上消除事故隐患，有效遏制重特大事故发生。

——2020年4月，习近平对安全生产作出重要指示强调

安全生产是我国的一项长期基本国策，对员工来说，它保护劳动者的基本安全健康；对社会来说，它保护国家和企业财产，促进社会生产力的发展。作为建设行业的从业人员，必须对该行业的安全生产知识有充分了解，牢固树立"安全重在防范，责任重于泰山"的意识。

7.1　安全须知

1. 工人进入施工现场必须正确佩戴安全帽，上岗作业前必须先进行三级（公司、项目部、班组）安全教育，经考试合格后方能上岗作业；凡变换工种的，必须进行新工种安全教育。

2. 正确使用个人防护用品，认真落实安全防护措施。在没有防护设施的高处、悬崖和陡坡施工，必须系好安全带。

3. 坚持文明施工，材料堆放整齐，严禁穿拖鞋或光脚等进入施工现场。

4. 禁止攀爬脚手架、安全防护设施等。严禁乘坐提升机吊笼上下或跨越防护设施。

5. 施工现场的邻边、洞口以及市政基础设施工程的检查井口、沉井口等应设置防护栏或防护挡板，通道口应搭设双层防护棚，并设有危险警示标志。

6. 爱护安全防护设施，不得擅自拆动；如需拆动，必须经安全员审查并报项目经理同意，但应提供有效的预防措施。

7.1.1　防火须知

1. 贯彻"预防为主，防消结合"的安全方针，实行防火安全责任制。

2. 现场动用明火必须有审批手续和动火监护人员，并配备合适的灭火器材；下班前必须确认无火灾隐患方可离开。

3. 宿舍内严禁使用煤油灯、煤气灶、电饭煲、热得快、电炒锅、电炉等。

4. 施工现场除指定地点外，作业区禁止吸烟。

5. 严格遵守冬季、高温季节施工的防火要求。

6. 从事金属焊接（气割）等作业人员必须持证上岗，焊割时应有防火措施。

7. 防水车间及装修施工区易燃废料必须及时清除，防止火灾发生，发生火灾（警）时应立即向119报警。

8. 按消防规定施工现场和重点防火部位必须配备灭火器材和有关器具。

9. 当建筑施工高度超过30m时，应配备有足够的消防水源、自救的用水量和立管直径在50mm以上、有足够扬程的高压水泵，并保证水压和在每层设有消防水源接口。

7.1.2 施工用电须知

1. 使用电气设备前，必须按规定穿戴相应的劳动保护用品，并检查电气装置和保护设施是否完好。开关箱使用完毕后，应断电上锁。

2. 建设工程在高、低压线路下方，不得搭设作业棚、建造生活设施或堆放构件、材料以及其他杂物等，必要时采取安全防护措施。

3. 不得攀爬、破坏外电防护架体，不得损坏各类电气设备；人及任何导电物体与外电架空线路的边线之间的距离不得小于最小安全操作距离。

4. 施工现场配电，中性点直接接地中必须采用TN-S接零保护系统（三相五线制），实行三级配电（总配电柜或箱、分路箱、开关箱）三级保护。线路（包括架空线、配电箱内连线）分色为：相线L1为黄色、相线L2为绿色、相线L3为红色、工作零线N为浅蓝色、保护零线PE为黄/绿双色。禁止使用老化电线，破皮电线应进行包扎或更换。不得将电线拖拉、浸水或编绑在脚手架上等。

5. 实行"一机一闸一漏一箱"，严禁一闸多用。严禁带电移动电气设备或配电箱，禁用倒顺开关。

6. 施工现场停止作业 1h 以上时，应将动力开关箱断电上锁。

7. 熔断丝应与设备容量相匹配，不得用多根熔丝绞接代替一根熔丝，每组熔丝的规格应一致，严禁用其他金属丝代替熔丝。

8. 施工现场照明灯具的金属外壳必须作保护接零，其电源线应采用三芯橡皮护套电缆，严禁使用花线和塑料护套线。

7.2 安全施工标识

建筑安全施工中禁止、警告、指令和提示的标志颜色（图 7-1）分别如下：

（1）红色，表示禁止、停止、消防和危险的意思。禁止、停止和有危险的器件设备或环境涂以红色的标记有：禁止标志，交通禁令标志，消防设备，停止按钮，停车、刹车装置的操纵把手，仪表刻度盘上的极限位置刻度，机器转动部件的裸露部分，液化石油气槽车的条带及文字，危险信号旗等。

（2）黄色，表示注意、警告的意思。需警告人们注意的器件、设备或环境涂以黄色标记有：警告标志、交通警告标志、道路交通路面标志、皮带轮及其防护罩的内壁、砂轮机罩的内壁、楼梯的第一级和最后一级的踏步前沿、防护栏杆及警告信号旗等。

（3）蓝色，表示指令、必须遵守的规定，如指令标志、交通指示标志等。

（4）绿色，表示通行、安全和提供信息的意思，可以通行或安全情况涂以绿色标记，如表示通行、机器启动按钮、安全信号旗等。

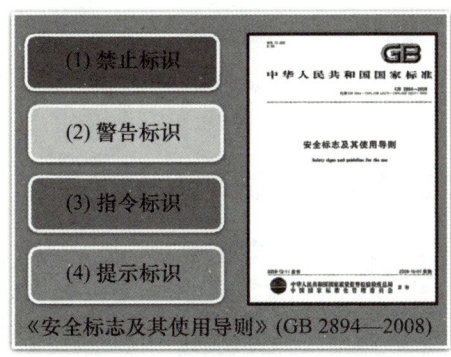

图 7-1 安全施工标识颜色

学中做

1. 对下列标识颜色做正确匹配。

   警告标识   蓝色

   提示标识   黄色

   禁止标识   绿色

   指令标识   红色

2. 当建筑施工高度超过_____ m 时，应配备有足够的消防水源、自救的用水量和立管直径在_____ mm 以上、有足够扬程的高压水泵，保证水压和在每层设有消防水源接口。

3. 工人进入施工现场必须正确佩戴安全帽，上岗作业前必须先进行_____教育，经考试合格后方能上岗作业。

4. 贯彻"_____，_____"的安全方针，实行防火安全责任制。

7.2.1 禁止标识

常见的禁止标识牌，如图 7-2 所示。

图 7-2 常见的禁止标识牌

学中做

写出图 7-3 标识的名称。

图 7-3 写出标识名称

7.2.2 警告标识

常见的警告标识牌，如图 7-4 所示。

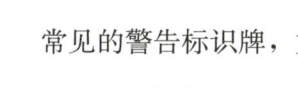

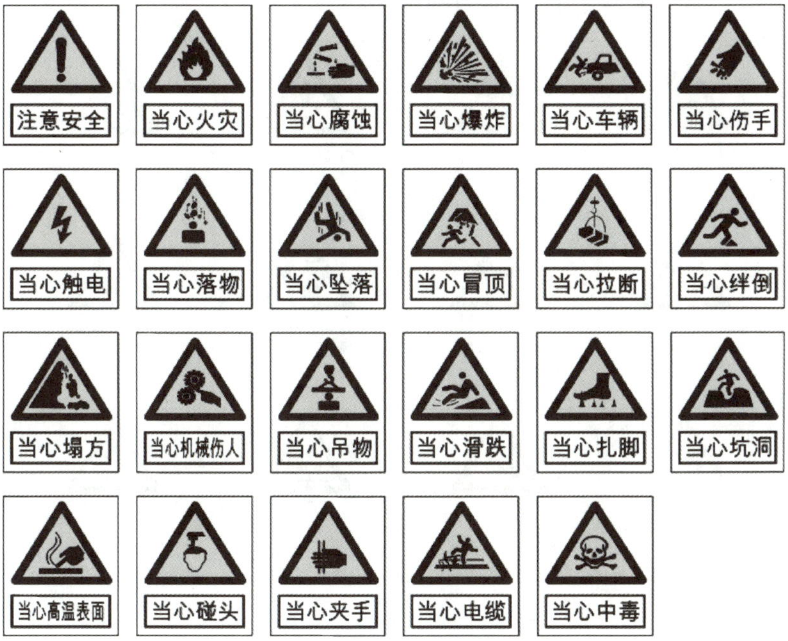

注意安全　当心火灾　当心腐蚀　当心爆炸　当心车辆　当心伤手

当心触电　当心落物　当心坠落　当心冒顶　当心拉断　当心绊倒

当心塌方　当心机械伤人　当心吊物　当心滑跌　当心扎脚　当心坑洞

当心高温表面　当心碰头　当心夹手　当心电缆　当心中毒

图 7-4 常见的警告标识牌

7.2.3 指令标识

常见的指令标识牌，如图 7-5 所示。

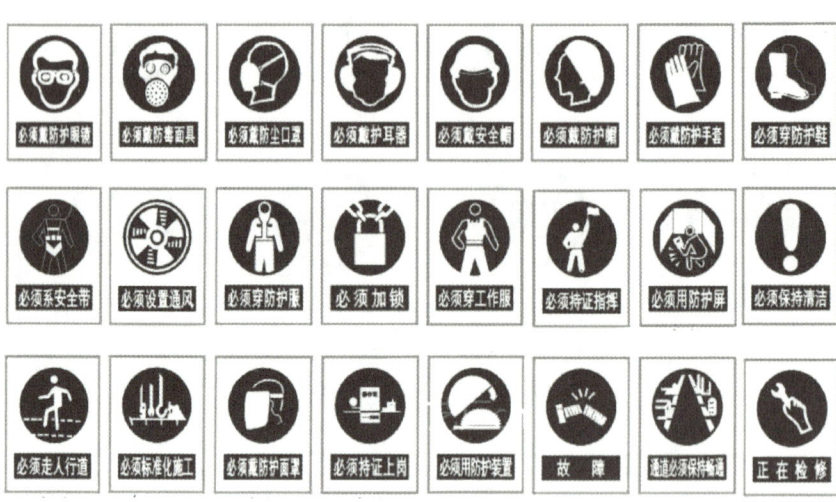

图 7-5　常见的指令标识牌

学中做

1. 写出图 7-6 警告标识的名称。

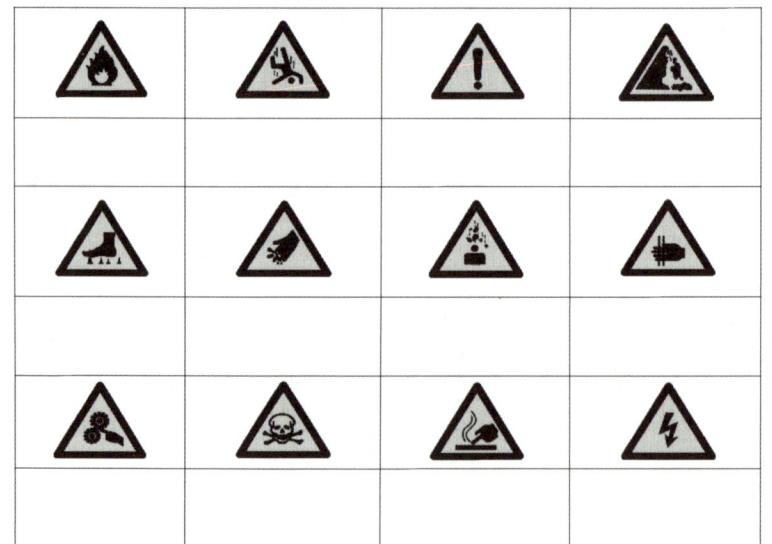

图 7-6　写出警告标识名称

2. 写出图 7-7 指令标识的名称。

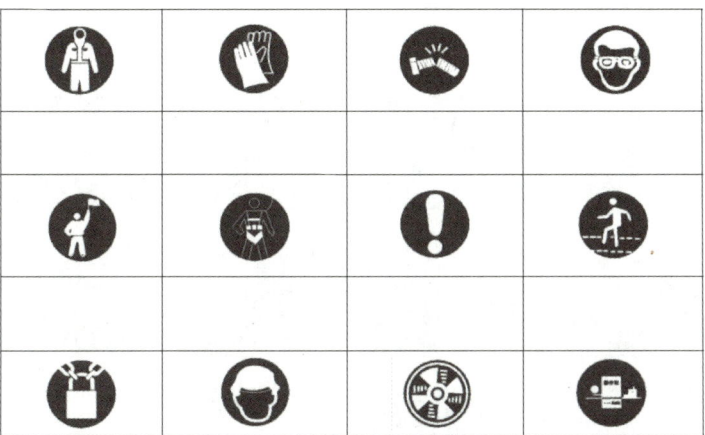

图 7-7　写出指令标识名称

7.2.4 提示标识

常见的提示标识牌，如图 7-8 所示。

图 7-8　常见的指示标识牌

7.2.5 消防标识

常见的消防标识牌，如图 7-9 所示。

图 7-9　常见的消防标识牌

学中做

1. 写出图 7-10 指示标识的名称。

图 7-10　写出指示标识名称

2. 写出图 7-11 消防标识的名称。

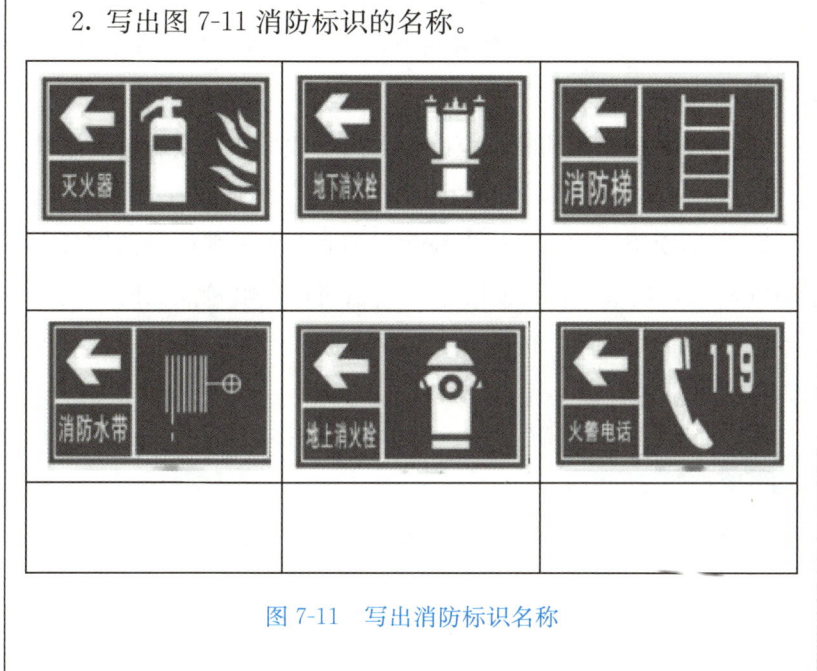

图 7-11　写出消防标识名称

7.3　安全施工措施

7.3.1　防火措施

1. 建筑防水工程施工必须遵守国务院颁布的《中华人民共和国消防条例》，执行公安部关于建筑工地防火及其他安全防火的相关规定。

2. 用于盛放材料的库房，严禁烟火和酒精，并必须挂有警告标志，采取防火措施。

3. 防水卷材采用热熔黏结，使用明火（如喷灯）操作时，应申请办理用火证，并应设专人看火，配有灭火器材，周围 30m 内不准有易燃物品。

4. 调制冷底子油时，应严格控制沥青的配制温度，防止加入溶剂时发生火灾。同时，调制地点应远离明火 10m 以外，操作人员不得吸烟，以防引起火灾。

5. 采用热熔法施工时，石油液化气罐、氧气瓶等应有技术检查合格证，使用时，应严格检查各种安全装置是否齐全有效。施工现场不得有其他明火作业，遇屋面有易燃设置时，应采取隔离防护措施。

6. 火焰喷枪或汽油喷灯应由专人保管和操作，点燃的火焰喷枪（或喷灯口）不准对着人或卷材堆放处，以免烫伤或着火。

7. 喷枪使用前，应先检查液化气钢瓶开关及喷枪开关等各个环节的气密性，确认完好无损后才可点燃喷枪。喷枪点火时，喷枪开关不能旋到最大状态，应点燃后缓缓调节；汽油喷灯加油不可过满，打气不能过足。

7.3.2 防毒措施

1. 挥发性溶剂，其蒸气被人吸入会引起中毒，如在室内及地下室外侧通风不畅的部位施工，应有局部排风装置。

2. 溶剂附着在皮肤上时，应立即用大量清水冲洗；乙二胺类物质对皮肤有强烈的腐蚀作用，如接触应立即用清水冲洗，然后再用酒精擦净。

3. 工人在操作中，当吸入有毒有害气体出现恶心、头晕、头痛、胸闷等不适症状时，应停止作业离开操作地点，到通风凉爽的地方休息，并前往诊所请医生诊治。

4. 装卸溶剂（如苯、汽油等）的容器，必须配软垫，不得猛推猛撞。使用容器后，其容器盖必须及时盖严。

5. 溶剂等从容器中往外倾倒时，操作人员应穿操作服及佩戴手套，并注意避免溅出伤人。

6. 操作者工作完毕后，应洗脸洗手，最好全身淋浴，以防中毒。

7.3.3 防护措施

1. 操作人员进入施工现场必须戴安全帽，从事高处作业的人员应系好安全带。

2. 操作人员应穿软底鞋、工作服，扎紧袖口，并应佩戴手套及鞋盖，不得穿高跟鞋。涂刷处理剂和胶黏剂时，必须戴防毒品罩和防护眼镜。外露皮肤应涂防护膏。操作时严禁用手直接揉擦皮肤。

3. 脚手架应按规程标准支搭，按照规定支设安全网。施工层脚手架要铺严扎牢，不准留单跳板、探头板。脚手板与建筑物的空隙不得大于200mm。

4. 高处作业屋面周围边沿和预留孔洞，必须按"洞口、邻边"的防护规定进行安全防护。

5. 使用吊篮施工，必须经过安全部门验收，吊篮防护必须严密，保险绳应牢固可靠。

6. 高处作业所用的材料要堆放平稳，工具或零星物料应放在工具袋内，上下传递物件禁止抛掷。

7. 使用高车井架或外用电梯时，各层应注意上下联系信号，操作前应预先检查过桥通道是否牢固。上料时，小车前后轮应加挡车横木，平台上人员不得向井内探头。

8. 在坑槽内施工时，应经常检查边壁土质稳固情况，发现异常，立即通知有关人员。

9. 闷热天在基坑槽内施工时，应定时轮换作业，以免发生危险。

10. 使用手持式电动工具必须装有漏电保护装置，操作时必须戴绝缘手套。

11. 作业的垂直下方不得有人，以防掉物伤人。

7.3.4 安全环保措施

1. 施工前要进行安全技术交底工作，施工操作过程要符合安全技术规定。

2. 对易燃材料，必须储存在专用仓库或专用场地，应设专人进行管理，并配备消防器材和安全设施。

3. 高空作业操作人员不得过分集中，必要时应系安全带。

4. 光线较差的卫生间，应准备足够的照明。厨房、卫生间面积小、通风差，应增设通风设备。操作人员每隔1～2h应到室外休息10～15min。

5. 涂膜操作中，现场操作人员应戴手套、口罩和防护镜，避免污染皮肤，防止溶剂溅入眼内；禁止使用二甲苯直接洗手。

6. 用热熔油膏施工时，操作人员应穿戴工作服，戴手套、口罩、防护镜等，防止皮肤被烫伤。

7. 卷材涂膜屋面施工时，操作人员应站在上风方向，同时要戴好口罩、袖套、布手套等劳保用品，防止中毒、受伤。熬制沥青胶时，应注意控制沥青锅容量和加热温度，防止外溢烫伤。熬制地点应放在下风方向处，同时应备齐防护设施及工具。

8. 患有皮肤病、支气管炎、结核病、眼病及对沥青橡胶过敏的人员，不得参加该项目的施工。

9. 施工用电必须安全可靠，开关箱必须设漏电保护器，电源线不得破皮漏电，插头应完好无损，高空的施工照明用电应使用36V安全电压。

10. 屋面施工严禁在雨天、雪天、雾天、五级风及其以上的天气施工，防止操作人员意外滑伤；高温天气作业时，须做好防暑降温措施。

11. 在屋面上施工作业时，严禁从屋面上向下扔物体，以防伤及地上的作业人员。屋顶的建筑垃圾应集中用垂直运输工具运至地面，再集中运到指定地点，不得随意堆放。

12. 聚氨酯甲料、乙料、固化剂和稀释剂等易燃、有毒物品，应储存在阴凉、远离火源的地方，并由专人负责保管和发放。

13. 施工现场的作业面应保持清洁，道路应稳固通畅，保证无污物和积水。

14. 水泥和其他易飞扬的细颗粒散体材料，应安排在库内存放或严密遮盖，运输时要防止遗洒、飞扬，卸运时应采取有效措施，以减少扬尘。

15. 对无法使用预拌混凝土的工地，应在搅拌设备上安装除尘装置，减少搅拌扬尘。

16. 工地污水的排放要做到生活用水和施工用水分离，严格按市政和市容规定处理。

17. 凡在居民稠密区进行强噪场作业的，必须严格控制作业时间，一般不得超过夜间22时。特殊情况需连续作业的，应尽量采取降噪措施，做好周围群众工作，并报工地所在地环保部门备案后方可施工。

18. 对影响周围环境的工程安全防护设施，要经常检查维护，防止由于施工条件的改变或气候的变化影响其安全性。

19. 在工程施工过程中，重视附近已有文物及地下文物（未挖掘）的保护工作。

20. 进行防水作业时，必须妥善保管各种材料，防止被其他人挪用而造成污染。施工时必须备齐各种落地材料的收集用具，及时收集落地材料，放入有毒有害垃圾池内。

21. 包装材料及时收集，不可回收的放入有毒有害垃圾池内，集中清理，不得破坏环境。

22. 当天施工结束后，剩余材料及工具应及时清理入库，摆放整齐。

7.4 成品保护和环境保护

1. 涂膜防水层操作过程中，不得污染已做好饰面的墙壁、卫生洁具、门窗等（图 7-12、图 7-13）。

图 7-12 地面保护

图 7-13 门窗保护

2. 操作人员应穿软底鞋，严禁踩踏尚未固化的防水层。抹水泥砂浆保护层时，脚下铺设无纺布保护。

3. 涂膜防水层做完之后，要严格加以保护。在保护层未做之前，任何人不得进入，也不得在上面堆积杂物，以免损坏防水层。

4. 地漏或排水口内防止杂物塞满，确保排水畅通。蓄水合格后，须将地漏内清理干净。

5. 防水层施工完毕后应及时进行验收，及时进行保护层施工，以减少不必要的损坏返修。

6. 进行面层（或刚性保护层）施工时，严禁施工机具、灰槽在涂膜表面拖动。铲运砂浆时，应精心操作，防止铁锹铲伤涂膜；抹压砂浆时，铲子不得在涂膜防水层上磕碰。

7. 面层进行施工操作时，对凸出地面的管道根部、地漏、落水口、卫生洁具等与地面交接处的涂膜不得碰坏。

8. 涂膜防水层施工进行中或施工完成后，均应对做好的涂膜防水层加以养护和保护。养护期不得少于7d，养护期间不得上人行走，更不得进行任何作业和堆放材料（图7-14）。

图7-14　施工提示

1. 在做涂膜防水层操作时，需要做哪些保护措施？
2. 安全施工标识分为几种颜色？分别表示什么标识？
3. 请简述在做涂膜防水层施工时，需要知晓的防火知识。

物勒工名

在一些古城墙上，我们有时能看到墙砖上刻有名字和时间，这可不是"到此一游"，也不是为了青史留名、千古流芳，而是在执行政府强制推行的"质量追溯制"——物勒工名。

"物勒工名"最早记载于春秋时期的典籍《礼记》中，"物勒工名，以考其诚，工有不当，必行其罪，以究其情"，郑玄注："勒，刻也，刻工姓名于器，以查其诚。"一旦产品质量出了问题，以便反溯追查责任。后来，"物勒工名"应用于工程营造中，就是指在房屋、城墙等砖头上勒刻上的建造者的姓名（图7-15）。砖上铭刻的那些名字，其实就是一份对该处工程质量问题负责的责任人名单。

项目 7　施工安全保障

图 7-15　物勒工名

古代工程营造，在宋真宗年间，依然举国贯彻这套"物勒工名"的硬标准。建筑竣工后，就要在相关地方，标明监工和工匠姓名，一旦出事，追责方便。在公共工程的用砖刻上相关责任人的名单，固然是为了方便"问罪"，但最终的目的则是追求每一块砖石的"坚良"、每一个工程的"坚久"。这种实打实的问责制度，正是古人的智慧。也正因为建造者对建筑质量的这份责任担当，虽历经几千年的风雨洗礼，祖国大地上还巍然矗立着许多伟大的、令国人自豪的古建筑。

思政园地 >>>

作为施工现场安全管理人员，应采取哪些措施提高现场工人安全意识，请简要谈一谈。

111

参考文献

[1] 吴承霞,林宏剑.建筑力学与结构[M].2版.北京:高等教育出版社,2021.

[2] 中华人民共和国住房和城乡建设部.建筑与市政工程防水通用规范:GB 55030—2022[S].北京:中国建筑工业出版社,2022.

[3] 中华人民共和国住房和城乡建设部,中华人民共和国国家质量监督检验检疫总局.屋面工程技术规范:GB 50345—2012[S].北京:中国建筑工业出版社,2012.

[4] 中华人民共和国住房和城乡建设部.地下工程防水技术规范:GB 50108—2008[S].北京:中国计划出版社,2009.

[5] 中华人民共和国住房和城乡建设部.屋面工程质量验收规范:GB 50207—2012[S].北京:中国建筑工业出版社,2012.

[6] 中华人民共和国住房和城乡建设部.地下防水工程质量验收规范:GB 50208—2011[S].北京:中国建筑工业出版社,2011.

[7] 中华人民共和国住房和城乡建设部.住宅室内防水工程技术规范:JGJ 298—2013.北京:中国建筑工业出版社,2013.

[8] 鞠建英.实用地下工程防水手册[M].北京:中国计划出版社,2002.

[9] 高琼英.建筑材料[M].2版.武汉:武汉理工大学出版社,2002.

[10] 张道真.建筑防水[M].北京:中国城市出版社,2014.

[11] 沈春林.屋面工程防水设计与施工[M].2版.北京:化学工业出版社,2016.

[12] 王寿华,王比军.屋面工程设计与施工手册[M].北京:中国建筑工业出版社,2003.

[13] 戎建波,谭辉,丛连庆,等.常州某厂房消防废水池工程防水施工技术[J].中国建筑防水,2014(13).

[14] 祖青山.建筑施工技术[M].北京:中国环境科学出版社,1997.

[15] 程建伟,周园.建筑防水设计与施工[M].北京:中国建筑工业出版社,2021.

[16] 魏鸿汉.建筑材料[M].北京:中国建筑工业出版社,2003.

[17] 冯为民.建筑施工实习指南[M].武汉:武汉理工大学出版社,2000.